人人都是**设计师**

零基础学 软件UI设计

王东霞 编著

清華大學出版社
北京

内容简介

现如今，各种通信及网络连接设备与大众生活的联系日益密切。软件 UI 是用户与机器设备进行交互的平台，因此人们对各种类型的软件 UI 的要求越来越高，使软件 UI 设计行业得以飞速发展。本书应广大软件 UI 设计者的需求，向读者介绍如何设计既美观又符合要求的软件 UI。

本书共分为 5 章，内容分别为了解软件 UI 设计、软件界面的基础构成元素、设计软件安装和启动界面、应用软件界面的新颖设计和 App 软件界面设计。本书主要根据读者学习的难易程度以及在实际工作中的应用需求来安排章节，真正做到为学习者考虑，也让不同程度的读者更有针对性地学习，强化自己的弱项，并有效帮助软件 UI 设计爱好者提高操作速度与效率。

本书结构清晰，内容有针对性，实例精美实用，适合大部分软件 UI 设计爱好者与设计专业的大中专学生阅读。另外，本书还赠送书中所有案例的素材、源文件、教学微视频和 PPT 课件，用于扩充书中的细节内容，方便读者学习和参考。

图书在版编目（CIP）数据

零基础学软件UI设计 / 王东霞编著. —北京：清华大学出版社，2021.1
（人人都是设计师）
ISBN 978-7-302-56472-0

Ⅰ.①零… Ⅱ.①王… Ⅲ.①人机界面—程序设计 Ⅳ.①TP311.1

中国版本图书馆CIP数据核字（2020）第178209号

责任编辑：张 敏
封面设计：杨玉兰
责任校对：胡伟民
责任印制：吴佳雯

出版发行：清华大学出版社
网　　址：http://www.tup.com.cn， http://www.wqbook.com
地　　址：北京清华大学学研大厦A座　　**邮　　编**：100084
社 总 机：010-62770175　　**邮　　购**：010-83470235
投稿与读者服务：010-62776969, c-service@tup.tsinghua.edu.cn
质量反馈：010-62772015, zhiliang@tup.tsinghua.edu.cn
印 装 者：涿州汇美亿浓印刷有限公司
经　　销：全国新华书店
开　　本：170mm×240mm　　**印　　张**：10　　**字　　数**：235千字
版　　次：2021年2月第1版　　**印　　次**：2021年2月第1次印刷
定　　价：59.80元

产品编号：085924-01

前 言

随着信息量的不断增加，人们的生活变得越来越离不开软件。提到软件就不得不说用户图形界面。用户图形界面是用户与各种机器和设备进行交互的平台，一款好的用户界面设计应该同时具备美观与易于操作两个特性。

本书通过理论知识与操作案例相结合的方法，循序渐进地向读者介绍使用 Photoshop CC 2019 进行各种类型软件 UI 设计所需的功能和操作技巧。

内容安排

本书共分为 5 章。

第 1 章　了解软件 UI 设计：主要介绍软件 UI 设计相关的理论知识，包括初识软件 UI 设计、软件界面的设计分类、软件界面的设计流程、软件界面设计的黄金法则、软件界面的设计要求、软件界面的设计趋势以及软件界面的配色设计等内容，这些知识可以帮助读者初步了解软件 UI 设计和相关软件，为更深入的学习建立良好的开端。

第 2 章　软件界面的基础构成元素：主要介绍软件 UI 中元素设计的知识和相应的制作技巧，主要包括软件界面中的视觉识别元素、文字元素设计、按钮元素设计、图标元素设计、软件进度条元素设计、软件菜单元素设计和工具栏元素设计等内容。希望通过本章的学习，读者能掌握软件 UI 的元素设计，这对以后的学习至关重要。

第 3 章　软件安装和启动界面设计：主要向读者介绍如何设计软件中的安装与启动界面，包括了解软件安装界面设计、关于软件启动界面、软件启动界面的作用、软件启动界面的设计原则、设计启动界面的注意事项和软件启动界面的设计技巧等内容，通过本章的学习，读者能够熟悉软件安装与启动界面的设计要点。

第 4 章　应用软件界面的新颖设计：主要向读者介绍一些应用软件的设计分类和设计技巧，包括初识应用软件界面设计、软件皮肤设计、Web 软件界面设计和游戏软件界面设计等内容。

第 5 章　App 软件界面设计：主要向读者介绍 App 软件的设计要点和设计技巧，包括了解移动端App软件、移动端操作系统、移动端设备屏幕尺寸、App软件界面布局、App软件界面的设计特点和移动端智能设备的界面设计等内容。本章的重点内容是掌握App软件界面的设计思路和特点。

本书特点

本书采用理论知识与操作案例相结合的教学方式，全面向读者介绍了不同类型界面的设计规范和设计原则。

- 通俗易懂的语言

本书采用通俗易懂的语言全面地向读者介绍各种类型UI设计所需的基础知识和操作技巧，确保读者能够理解并掌握相应的功能与操作。

- 基础知识与实战案例结合

本书摒弃了传统教科书式的纯理论式教学，采用少量基础知识和大量实战案例相结合的讲解模式。书中所使用的案例都具有很强的商业性和专业性，不仅能够帮助读者强化知识点，还对开拓思路和激发创造性有很大的帮助。

- 技巧和知识点的归纳总结

本书在基础知识和实战案例的讲解过程中列出了大量的提示和技巧，这些信息都是结合作者长期的软件UI设计经验与教学经验提炼出来的，它们可以帮助读者更准确地理解和掌握相关的知识点和操作技巧。

- 赠送资源辅助学习

为了拓展读者的学习渠道，增强读者的学习兴趣，本书还提供了书中所有案例的相关素材、源文件、教学微视频和本书PPT课件，使读者可以跟着本书做出相应的效果，并能够快速应用于实际工作中，读者可扫描下方二维码下载获取。

素材＋源文件

教学微视频

PPT课件

读者对象

本书适合UI设计爱好者、想进入软件UI设计领域的读者朋友，以及设计专业的大中专学生阅读，同时对专业设计人士也有很高的参考价值。希望读者通过对本书的学习，能够早日成为优秀的UI设计师。

本书在写作过程中力求严谨，但由于时间有限疏漏之处在所难免，望广大读者批评指正。

编　者

目录

第1章 了解软件UI设计

本章主要内容

随着硬件技术的发展，计算机的运行速度和存储容量已经不再成为软件开发人员所担心的问题。这时，浏览者的关注重心变为能否比较容易和舒适地使用软件。换言之，用户的着眼点在于软件的易用性和美观性。

软件的易用性和美观性主要取决于软件界面设计是否符合大众的操作习惯。本章主要向读者介绍软件UI设计的基础知识，让读者在学习具体的软件UI设计和制作技巧之前对软件UI设计有一个初步的认识。

1.1 初识软件 UI 设计

在当前硬件与软件环境中，一款界面不够美观的软件是它失败的第一步。因为不管此款软件的内部有多么精巧的技术和强大的功能，只要用户不愿意使用它，它的优越性就得不到发挥，致使它的价值和作用为零。于是一个不涉及技术而着眼于易用性和美观性的用户界面就显得尤为重要。

1.1.1　UI 设计的概念

UI 的本意是用户界面（User Interface），是英文 User 和 Interface 的缩写，从字面上看是用户和界面两个组成部分，但实际上还包括用户与界面之间的交互关系。

UI 设计则是指对软件的人机交互、操作逻辑和界面美观的整体设计。优秀的 UI 设计不仅可以让软件变得有个性和有品位，还可以使用户的操作变得更加舒服、简单和自由，并能够充分体现产品的定位和特点。

UI 设计包含范畴比较广泛，包括软件 UI 设计、网站 UI 设计、游戏 UI 设计和移动端 UI 设计等内容。图 1-1 所示为软件 UI 设计，图 1-2 所示为移动端 UI 设计。

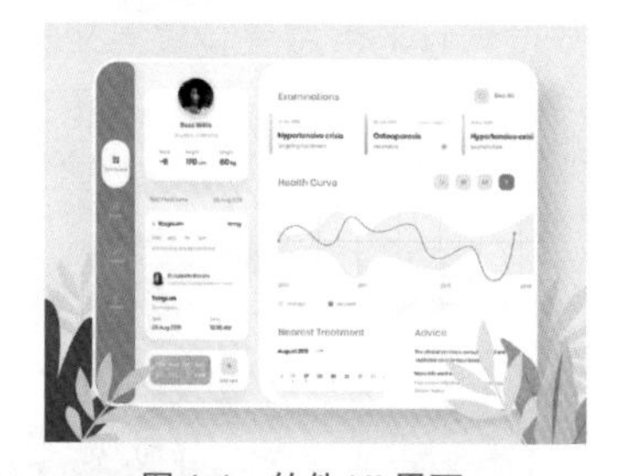

图 1-1　软件 UI 界面

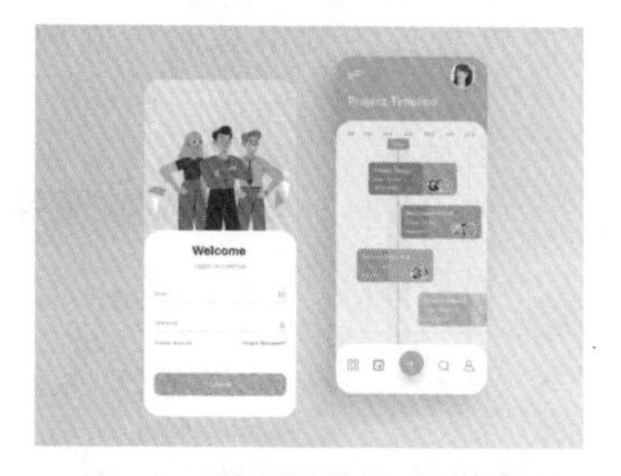

图 1-2　移动端软件 UI 界面

☆ 小技巧：软件 UI 设计的重要程度

在漫长的软件发展过程中，软件 UI 设计长期处于被忽略的状态。其实软件 UI 设计就像工业产品中的工业造型设计一样，是产品的重要卖点。一个友好、美观的软件界面会给用户带来舒适的视觉享受，这能够拉近用户与计算机的距离，为商家创造卖点。软件 UI 设计不是单纯的美术设计，还需要定位使用者、使用环境和使用方式并且最终为用户而设计，是纯粹的科学性艺术设计。检验一个软件 UI 设计的成功与否，需要看最终用户的使用感受。所以软件 UI 设计需要和用户体验紧密结合，是一个不断为最终用户设计满意视觉效果的过程。

1.1.2　软件 UI 设计

软件设计可以分为两个部分：编码功能设计与 UI 设计。编码功能设计就是使用计算机语言为软件实现功能设计和交互设计，软件 UI 设计则是美化功能设计和交互设计的操作。

软件 UI 设计是软件与用户交互的最直接的联系工具，软件界面的优劣决定用户对软件的第一印象。而且逻辑通顺的软件界面能够引导用户自己完成相应的操作，起到向导的作用。同时软件界面如同人的面孔，具有吸引用户的直接优势。

设计合理的软件界面能给用户带来轻松愉悦的感受，相反，如果界面设计得非常失败，使用者的用户感受将大打折扣，在这样的情况下，软件实用、强大的功能都可能在用户的畏惧与放弃中无甚作用。图 1-3 所示为设计合理的软件 UI 界面。

(a)

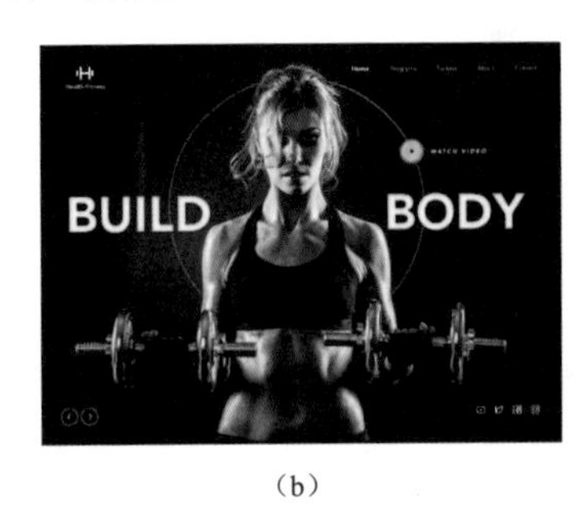

(b)

图 1-3 精美的软件 UI 界面

软件 UI 设计不仅仅是图形和文字堆叠的设计，更重要的是用户体验的设计。如果要衡量软件 UI 设计的好坏，那么只有一个标准，就是用户体验。

☆ 提示

软件 UI 设计不仅需要客观的设计思想，还需要更加科学、更加人性化的设计理念。如何在本质上提升软件 UI 界面的设计品质？这不仅需要考虑软件界面的视觉设计，还需要考虑人、产品和环境三者之间的关系。

1.1.3 网页 UI 设计和软件 UI 设计的区别

网页 UI 和软件 UI 都属于 UI 设计的范畴，两者之间存在着许多共同之处，因为受众群体没有变化，所以基本的设计方法和理念会非常相似。

网页 UI 和软件 UI 设计的主要区别在于硬件设备提供的人机交互方式不同。意思就是不同平台现阶段的技术制约会影响网页 UI 和软件 UI 的设计。下面从 4 个方面向读者介绍网页 UI 与软件 UI 设计的区别。

1. 界面尺寸不同

由于网页自身的特点决定了网页 UI 设计具有向下延展的特性，这就意味着网页 UI 设计并不受尺寸大小的约束。而软件界面通常都会有用户界面尺寸的要求，也可以说软件 UI 设计一般都局限在方寸之间。

简单地理解就是网页UI设计的尺寸更加灵活，而软件UI设计的尺寸相对来说有比较严格的要求。图1-4所示为可以向下无限延展的网页UI设计，图1-5所示为固定尺寸的软件UI设计。

图1-4　网页UI设计

图1-5　软件UI设计

2. 侧重点不同

在过去，网页UI设计的侧重点是“看”，即通过完美的视觉效果表现出网页中的内容和产品，给浏览者留下深刻的印象。而软件UI设计的侧重点是“用”，即在软件界面视觉效果的基础上充分体现软件的易用性，使用户更便捷、更方便地使用软件。

但是，随着技术水平的不断发展，网页UI设计也越来越多地体现出“用”的功能，使得网页UI设计与软件UI设计在这方面的界限越来越不明显了。

3. 呈现内容不同

在同一个界面中，网页比软件可以更多地展现信息和内容。例如，淘宝、京东等网站，在网站中可以呈现很多的信息版块，而在移动端的App应用软件中则相对比较简洁，呈现信息的方式也完全不同。图1-6所示为京东的网页界面展示，图1-7所示为京东的App界面展示。

图1-6　京东网页

图1-7　京东App界面

4. 开发方式不同

网站UI与软件UI在界面的设计表现上会有一些相似的地方，但是其开发的方式是完全不同的。网页开发语言主要使用 HTML+CSS+JavaScript，而软件开发语言则更多使用 C++、asp.net、PHP 和 Java 等。

1.2 软件界面的设计分类

随着信息技术的迅猛发展，软件运行平台日益丰富，UI 设计的具体运用形式也日趋多样化和细分化。

除了个人计算机外，手机、平板电脑、便携式游戏机和智能手表等数码产品的普及促使传统的 Windows 应用软件界面又衍生出 Web 软件界面、App 软件界面和游戏界面等新的界面形式，这些界面形式在交互设计、视觉设计和开发上都有各自的特点。

1.2.1 Windows 应用软件界面

根据软件的复杂程度、用户群、易用设计与视觉设计的比重不同等因素，Windows 应用软件可以分为 3 类，其软件界面设计也有各自的特点。

1. 专业型

这种类型的应用软件功能比较复杂，模块和界面元素较多，主要面向专业人士，例如 Photoshop、Illustrator 等软件。简洁、易用、高效是这类软件界面设计中的重点。

2. 任务型

这种类型的应用软件通常是功能相对单一的常用软件，为用户解决特定的工作与任务，例如常用的杀毒软件等。任务型的应用软件功能相对并不是很复杂，界面的设计一般简洁实用，遵循默认的布局规则。图 1-8 所示为 360 安全卫士应用软件的界面设计。

3. 娱乐型

这种类型的应用软件功能简单、用途明确、用户的参与和可控制度不高，例如常用的音乐播放软件、聊天软件等。在娱乐型应用软件的界面设计中，视觉效果的表现点有比较重要的位置。图 1-9 所示为娱乐型应用软件界面设计。

图 1-8　360 安全卫士界面

图 1-9　QQ 主界面

▶ 1.2.2　移动端 App 软件界面

随着智能手机和平板电脑等移动设备的普及，移动设备也成为与用户交互最直接的体现。移动设备已经成为人们日常生活中不可缺少的一部分，各种类型的 App 软件层出不穷，极大地丰富了移动设备的应用。

移动设备屏幕尺寸的局限，要求输入输出趋于更加简捷的方式，也要求 App 软件界面的设计越来越多元化和人性化。其中区别于计算机端的软件 UI 设计，图标菜单的应用在 App 软件界面中发挥了重要的作用。图 1-10 所示为手机 App 软件界面设计。

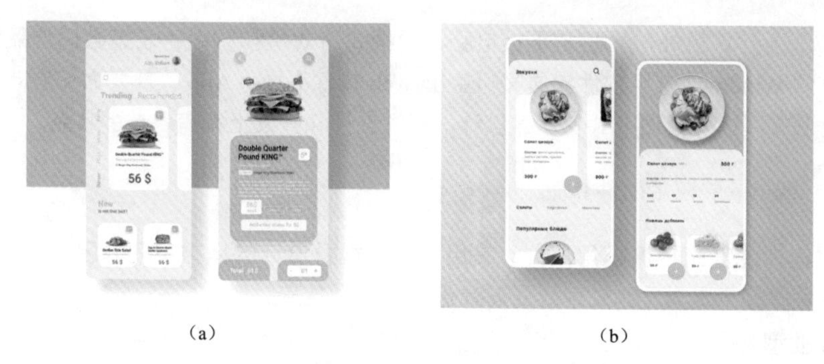

（a）　　　　（b）

图 1-10　手机 App 软件界面设计

☆ 提示

移动设备用户不仅期望移动设备的软、硬件拥有强大的功能，更注重操作界面的直观性和便捷性，能够提供轻松愉快的操作体验。

▶ 1.2.3　Web 应用软件界面

随着网络应用的逐步深入，一些基于 Web 网页浏览器的软件开始出现，例如办公自动化系统、企业 ERP 系统等。这些软件融合了网页和 Windows 应用软件界面的特点，日常生活中最常用的 Web 应用软件有网络邮箱、网络搜索等。图 1-11 所示为某款办公自动化系统的软件界面设计。

☆ 小技巧：Web 软件和网站的差异

Web 软件和网站的运行环境和技术几乎完全相同，其区别在于两者的用途和特征有很大的不同。网站主要用于浏览信息，面向大众用户，内容信息的组织与不断变化更新是网站界面的重要特征。Web 软件本质是软件，只不过它是在 Web 环境下运行，以页面的方式展示内容，是用于处理有固定流程（逻辑）业务、完成特定工作和任务的，而不是让用户浏览和获取信息。

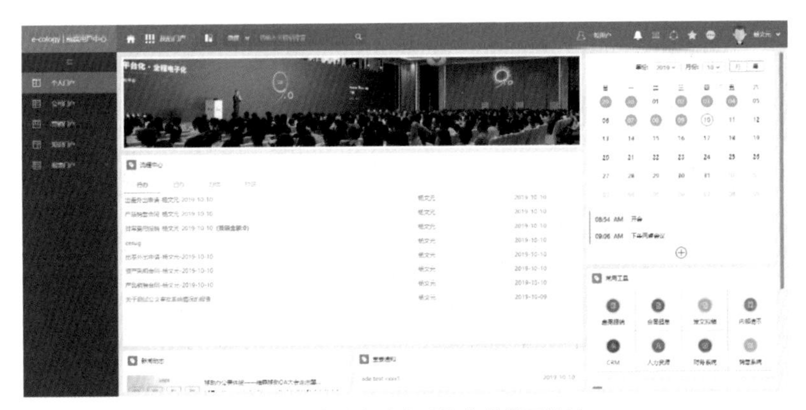

图 1-11 办公自动化系统软件界面设计

1.2.4 网页界面

互联网的迅速发展带来了网页界面设计的繁荣发展。虽然网页界面设计从传统 Windows 应用软件界面发展而来，早期的网页界面带有很多 Windows 应用软件界面的影子。

随着网络带宽和传输速度的不断改善，网页已经由最初的纯文字内容发展到如今的多元化页面，这种多元化界面融合了图形、图像、动画、视频和声音等多种媒体形式。

互联网在各个行业与领域的普及、网页表现形式日益丰富，加上互联网固有的特点，网页界面已经形成了自己特有的界面设计形式。图 1-12 所示为网页界面设计。

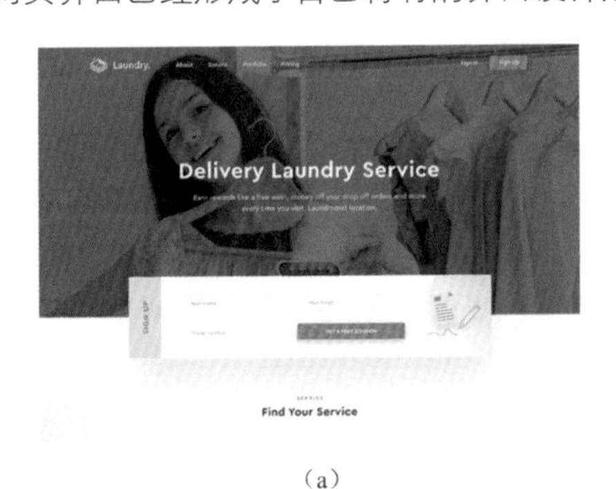

(a)

(b)

图 1-12 网页界面设计

1.2.5 游戏软件界面

游戏软件界面一般情况下，都会设计得华丽精良、主题明确，并且拥有三维效果。为融入主题，游戏软件的界面一般都是由游戏内容中的人物或场景构成，视觉效果在游戏软件界面中占有十分重要的地位。图 1-13 所示为《桃花源记》游戏的下载界面。

图 1-13　游戏软件下载界面

1.3 软件界面的设计流程

软件产品属于工业产品的范畴，依然离不开 3W 的考虑（Who、Where、Why），也就是使用者、使用环境和使用方式的需求分析。只有清楚地理解软件界面的设计流程并在实际的设计工作中按照这样的流程进行，设计出的软件界面才能够受到用户的欢迎。图 1-14 所示为软件界面设计的流程走向。

图 1-14　流程走向

1.3.1　需求分析

在设计一款软件界面之前，设计师应该首先明确是什么人（用户的年龄、性别、爱好、教育程度等）、在什么地方用（移动设备、家庭多媒体等）、如何使用（鼠标键盘、触摸屏、遥控器等）。任何一个元素的改变都会使界面设计做出相应的调整。图 1-15 所示为需求分析阶段需要了解的点。

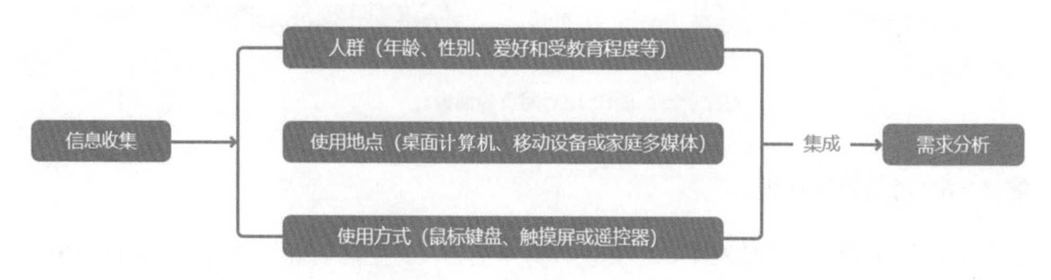

图 1-15　分析需求的示意图

☆ 小技巧：需求分析阶段中的竞品分析

在软件的需求分析阶段同类型的软件也是设计师必须了解的。所设计的软件界面要比同类型的软件界面更好才会使软件上市后受到关注，单纯从软件界面的美考虑说哪个好哪个不好是没有一个很客观的评价标准的，只能说哪个更合适，最适合用户的就是最好的。

1.3.2 设计分析

通过对软件的需求分析，接下来在开始设计软件界面之前首先需要提炼出几个体现用户定位的词语坐标。

例如为 25 岁左右的白领男性制作的家庭娱乐软件，这类用户通过分析可以得到的词汇如图 1-16 所示。通过对这些词汇的分析，再精简得到几个关键的词汇，接下就需要在该款软件界面的设计中着重体现出这几个词汇的意境，最好能多出几套不同风格的软件界面设计方案，以备选用。

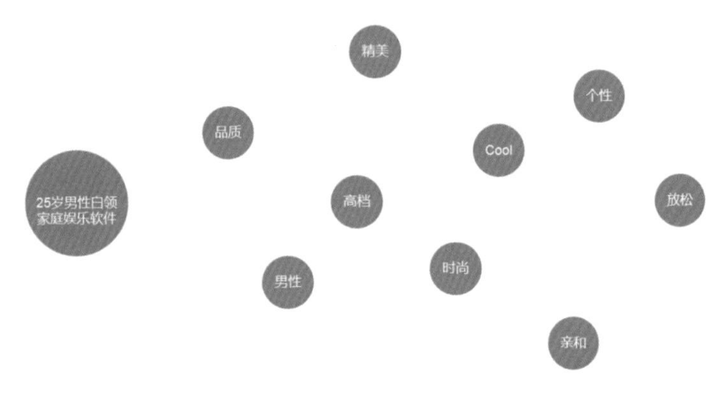

图 1-16 设计分析

1.3.3 调研验证

在设计过程中确保所设计的软件界面多套设计方案同一水准，不能看出有明显的差异，完成多套软件界面方案的设计后，开始进行调研验证，从而得到用户的反馈。

通过对用户反馈意见的整理和总结，得出每套方案的优缺点，便于对最终的软件界面设计进行调整和改进。

1.3.4 方案改进

通过对用户的调研验证，可以得到目标用户最喜欢的方案。而且了解到用户为什么喜欢，还有什么遗憾等，这样设计师就可以有针对性地对软件界面进行下一步的修改了，从而将所设计的软件界面做到细致、精美。

1.3.5 用户验证

改进后的软件界面设计方案即可在所开发的软件中应用并推向市场，但是设计并没有结束，还需要用户反馈，好的设计师应该在软件产品上市后，多与最终用户交流，了解用户的真正的使用感受，为以后的升级版本和改进积累经验。

1.4 软件界面设计的黄金法则

软件界面是用户与软件进行交互的平台，由于它在软件中具有重要的作用，所以软件界面设计需要遵循一定的原则。首先是简易性，简易是为了方便用户使用。其次是清楚安全，指在用户做出错误的操作时有信息介入系统的提示。最后是灵活人性化，指让用户轻松便捷地使用软件。

1.4.1 在实现功能的框架下设计

虽然设计师和艺术家都离不开视觉的范畴，但是他们之间是有区别的。艺术家更注重的是自我表达，表达自己的思想、审美、态度等，艺术创作几乎没有什么约束，越自由、越独特，越能够获得成就。而设计师的工作是为了表达，设计是寻找最适合的表现形式来传达具体的信息，设计师是在一定的框架内表达。“设计就是戴着脚镣跳舞”十分生动地讲述了设计行业的特点。

对于软件界面设计，同样地，应该以实现功能为首要前提，找到一种最合适的表现形式去实现软件的功能和交互设计，同时兼顾它视觉上的艺术性。就是说应该在实现用户目标和愉悦体验度的框下考虑图形界面设计。当然优秀的软件界面的艺术性和格调，以及传达的品牌形象是产品综合竞争力中重要的砝码，好的视觉设计能满足用户某种程度的情感需求，目标就是设计功能和视觉都优秀的软件界面。

1.4.2 层次结构清晰

设计师可以使用颜色、形状和位置等视觉属性来区分软件界面中的层次结构，让软件界面中的多个层次拥有递增感或是递减感，这样表达出来的软件 UI 设计，它的层次结构会非常清晰。

1. 运用视觉元素将元素分组

在图形软件界面设计中，通常按照不同的视觉属性来区别不同的界面元素和信息。视觉属性包括形状、尺寸、颜色、明暗、方位和纹理等，以下对这些视觉属性进行详细的介绍，了解这些有助于后面的软件界面设计。

- 形状

形状是人类辨识物体最基本也是最本能的方式，地球是圆的、书本是方的、石头呈奇怪的形状。图 1-17 所示的软件界面元素中，每个元素都有不同的代表形状。正是这些不同的形状属性区分了对应的操作、逻辑和方法。

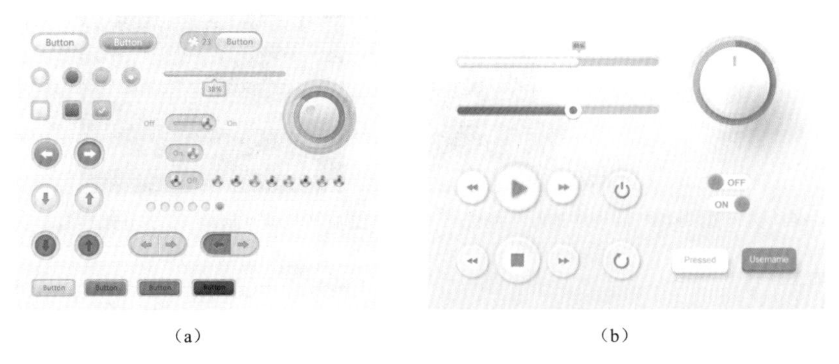

（a）　　　　　　　　　　　　（b）

图 1-17　软件界面元素

• 尺寸

一个空间上的物体哪个大哪个小，人们很容易分辨出来。在一群相似的物体中，比较大的那个会更引起注意。当一个物体非常大或者非常小时，很难注意到它的其他属性，例如颜色、形状等，如图 1-18 所示。

（a）　　　　　　　　　　　　（b）

图 1-18　尺寸较大的界面元素

• 颜色

颜色绝对是视觉属性中重要的部分，颜色的不同可以快速引起人们的注意，例如在黑色的背景下，一块柠檬黄的颜色是非常显眼的，而且颜色能传递出信息，例如红色可以传递警告、危险、促销、喜庆等不同的信息，需要在适当的时候使用它。但是有一点，由于存在一些色弱或色盲的用户人群，不能单纯依赖颜色属性来设计，需要配合明暗、形状、纹理等属性发挥综合视觉效应，如图 1-19 所示。

需要提醒的是，对于初学者运用颜色时要精简而理智，不要运用过多的颜色，一旦颜色过多，就难以把握要重点传递的信息。只有具备足够的经验和能力，才可以设计出类似 Windows 10 那样绚丽而又明晰合理的界面，如图 1-20 所示。

图 1-19　界面中的颜色属性

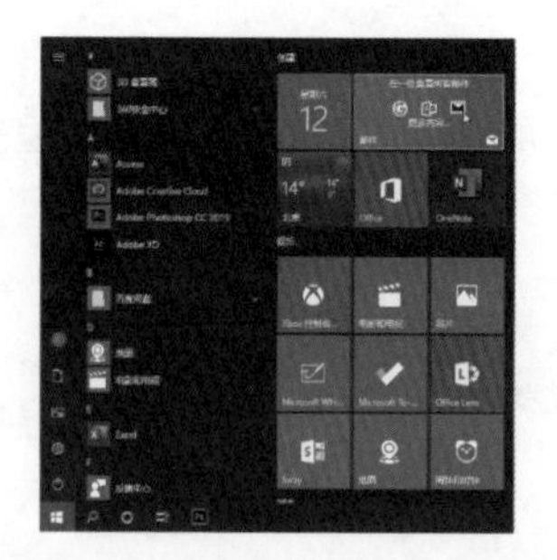

图 1-20　Windows 10 的开始界面

• 方向

方位表示方向或方位的属性，向上向下或向左向右，前进或后退等，例如日历软件界面中常见的日期引导，如图 1-21 所示。

• 纹理

纹理表现元素的质感光滑还是精糙，轻薄还是厚重，凸起还是凹陷等视觉印象的属性。例如 iOS 的亚麻布纹理代表这是一个属性系统级的界面，而不是一个应用。而 Windows 里的滚动条滑块上有三道凹凸的纹理，隐喻的是现实中为了增加摩擦力而设计的可推动的滑块，如图 1-22 所示。

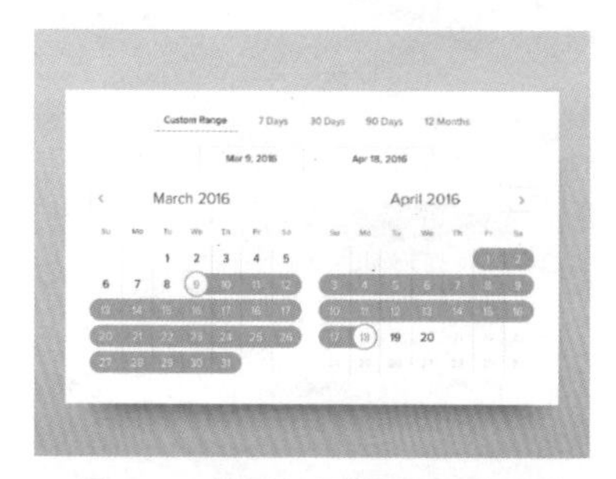

图 1-21　使用方向将界面元素分组

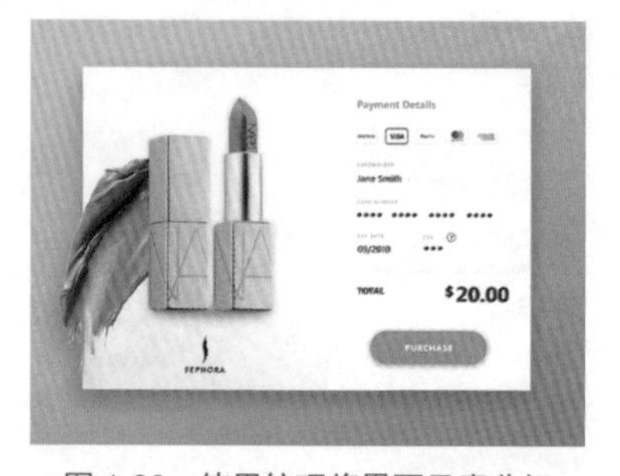

图 1-22　使用纹理将界面元素分组

2. 如何创建清晰的层次结构

了解视觉属性后，设计软件界面元素时就可以使用它们创建出层次结构。使软件界面层次结构清晰的具体操作表现为：重要的元素应放在其他元素的上方或者向外突出一些，需要突出的元素最好使用高饱和度的颜色来渲染，如图 1-23 所示。

次重要的元素使用低饱和度的颜色渲染，并且与背景的颜色及其值的对比不能太强烈，元素尺寸要小于重要元素的尺寸，或者放置位置向内缩进。最后在不重要的元素上使用非饱和色和中性色，这样不会转移浏览者的注意力，如图 1-24 所示。

3. 创建层次结构的要点和技巧

当发现有两个不同功能的重要元素都需要被注意时，这时不要提高强调重要的那个元素的视觉层次，最好降低相对不重要的那一个元素的视觉层次。这样就能有继续调整的空间，可以强调更重要、更关键的元素。与素描的道理有些相似，在暗部可以透气和虚一些，那么明暗交界线自然会实一些、立体一些。

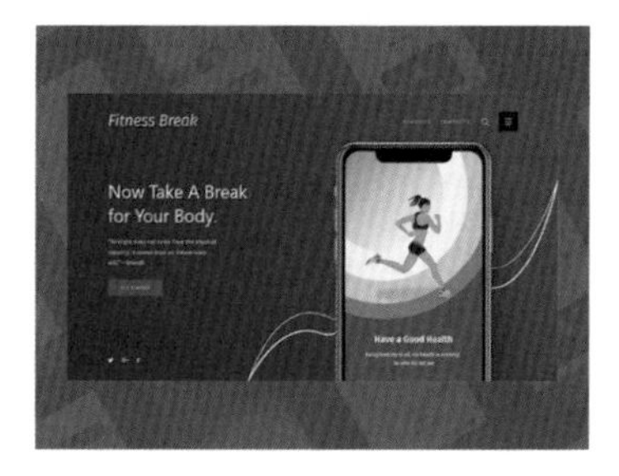

图 1-23　重要元素突出表现

图 1-24　不重要元素的表现方法

在软件界面设计中同类型的元素应该具有一样的属性，用户会将一样的属性视为一组。如果所设计的元素在功能和操作上不同于这一组，就要用不同的属性来区分它。

相似的操作在位置上尽可能放在一组，这样避免鼠标箭头或手指长距离地移动，给软件的易用性带来负担，如图 1-25 所示。

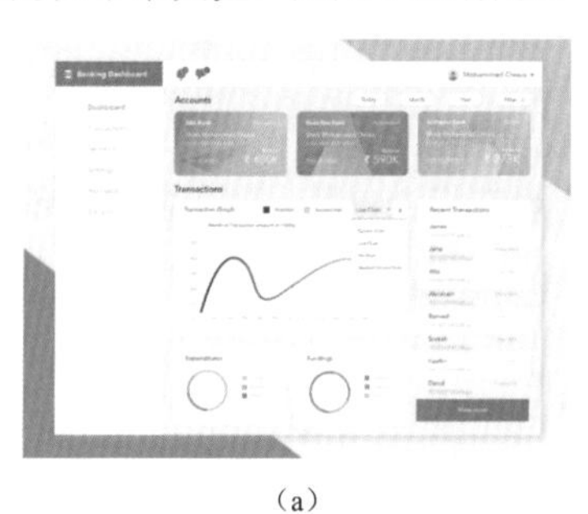

（a）

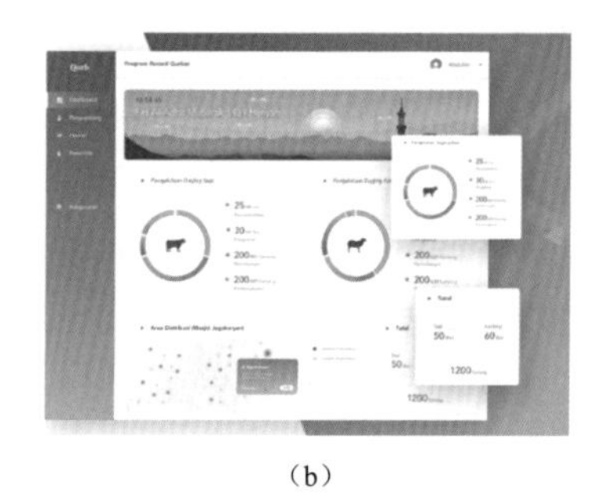

（b）

图 1-25　相似操作的位置归属

▶ 1.4.3　一致性和标准化

界面的一致性既包括使用标准的控件，又指使用相同的信息表现方法，例如在字体、标签风格、颜色、术语、显示错误信息等方面确保一致，如图 1-26 所示。

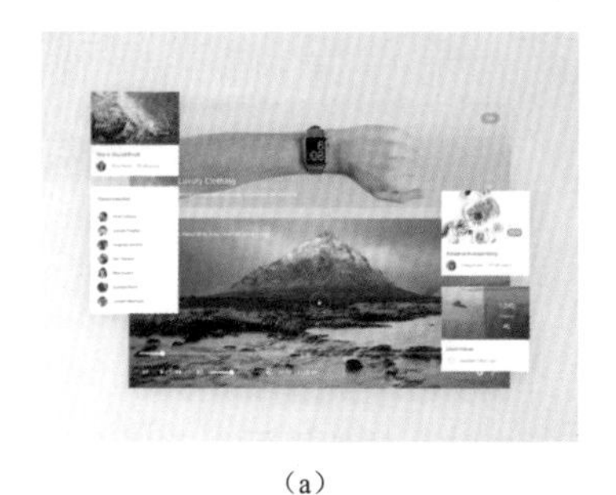

（a）

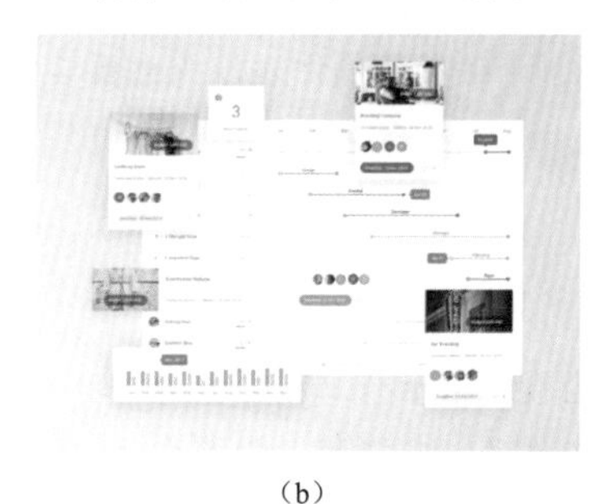

（b）

图 1-26　软件 UI 设计拥有一致性

☆ 小技巧：需要保持一致的界面元素

界面布局要一致，如所有窗口按钮的位置和对齐方式要保持一致。
界面的外观要一致，如控件的大小、颜色、背景和显示信息等属性要一致。一些需要特殊处理或有特殊要求的地方除外。
界面的配色要一致，配色的前后一致会使整个应用软件有同样的观感，反之会让用户觉得所操作的软件杂乱无章，没有规则可言。
操作方法要一致，如双击其中的选项触发某事件，那么双击任何其他列表框中的选项都应该有同样的事件发生。
控件风格、控件功能要专一，避免错误地使用控件。
标签和信息的措辞要一致，例如在提示、菜单和帮助中产生相同的术语。
标签中文字信息的对齐方式要一致，例如某类描述信息的标题行设计为居中，那么其他类似的功能也应该保持一致。

1.4.4 给予足够的视觉反馈

设计师在设计制作软件 UI 界面时，一定要遵守给予足够的视觉反馈这条设计原则，帮助浏览者更好地完成各项操作。视觉反馈分为静态视觉暗示、动态视觉暗示和光标暗示三种，接下来为读者详细介绍这 3 种视觉反馈。

1. 静态视觉暗示

静态视觉反馈指的是软件界面元素在静止状态下本身的视觉属性所传递的暗示，例如一个按钮，它看起来是微微凸起的，带有立体感和阴影，那么暗示的就是这个元素是一个可以被按下的按钮，如图 1-27 所示。

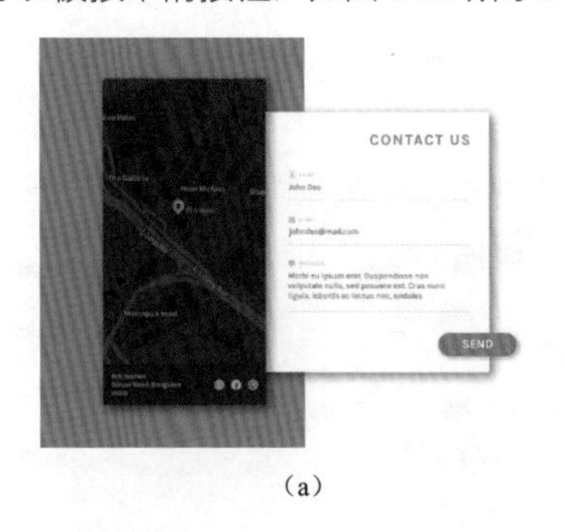

（a）

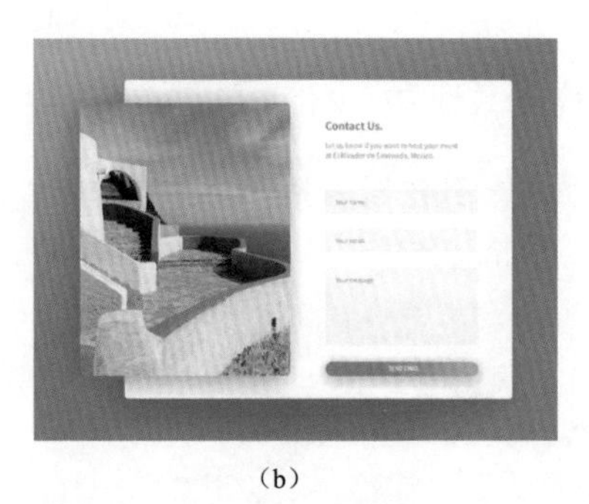

（b）

图 1-27　静态视觉暗示

2. 动态视觉暗示

因为静态的暗示需要一定大小的尺寸和像素来塑造，软件界面上不能全是这种类型的元素，不然软件界面将没有层次和重点。这时可以采用动态视觉暗示。一般是指光标掠过这个元素时发生的变化，或者是执行某个操作后出现的变化。

例如软件界面中常见的选项卡，当鼠标箭头滑过的时候，会出现按钮的形状，暗示这是可以按下的，按下后会变成被选中的选项卡。

再例如手机软件界面中常见的内容刷新方式，当向下拉屏幕时，出现一个圆形的更新图标，继续往下拉，它的形状会被渐渐拉长，最后弹回去消失，这个动态过程就是在告诉人们可以继续拉，拉到一定程度就触发了加载新内容的动作，如图 1-28 所示。

（a）　　　　（b）

图 1-28　动态视觉暗示

3. 光标暗示

光标在经过或到达某个元素时，通过改变光标本身的形状来暗示，光标暗示可以用在一些元素很小，用户不好辨识的位置。

例如在许多软件界面中光标经过软件面板的边框或者是软件界面中的分栏时，光标形状会变为水平方向的双箭头，这是暗示可以拖曳用以改变面板的大小或分栏的位置，如图 1-29 所示。

（a）　　　　（b）

图 1-29　光标暗示

1.5 软件界面的设计要求

设计师在设计软件界面时，首先需要关注如何使软件界面的视觉结构和用户的心理模型或者产品的行为相匹配，其次也必须关注如何将程序的状态完整地传达给用户，最后还要关注围绕用户感知功能的认知性问题。

1.5.1 图像元素布局合理

在软件界面设计中，图像和文字是出现频率最多的两大元素。其中，图像元素被包含在视觉元素中。而视觉元素应该是紧凑而通用的视觉语言的一部分，这意味着相似的元素应该采用相同的视觉属性，如图 1-30 所示。

（a）

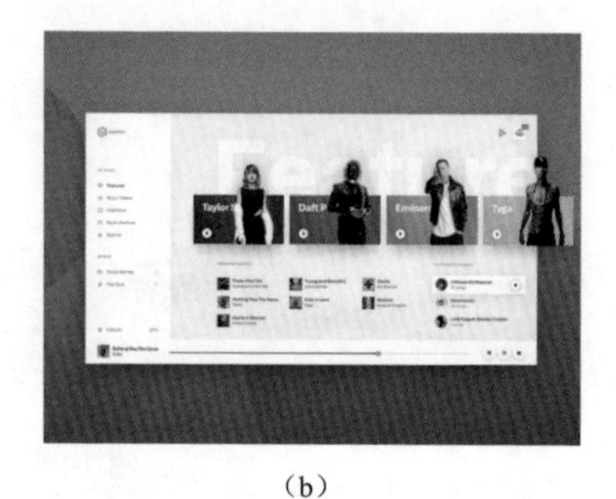

（b）

图 1-30 图像元素进行合理布局

☆ 提示

相同的视觉属性表现在软件界面布局时，需要在一致的位置摆放信息和控件。这样也使软件界面拥有了一致性，更利于软件界面中各个元素的表达。

除此之外，不同页面中相同功能的控件和数据显示应该摆放在每一页上的相同的位置，而且它们还应该有相同的颜色、字体和阴影等属性。这样的一致性能让浏览者很快地找到并识别它们，如图 1-31 所示。

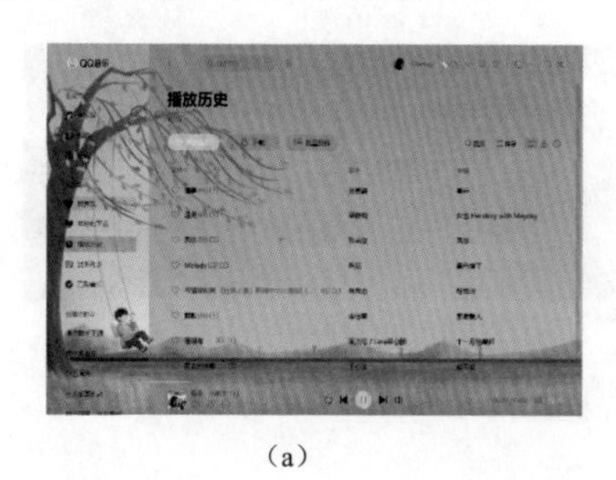

（a）

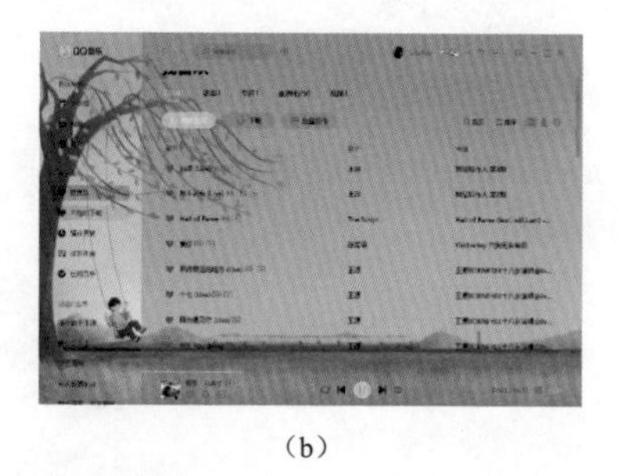

（b）

图 1-31 使界面拥有一致性

☆ 提示

图像元素除了具备功能价值外，还在传递品牌属性上有着重要的作用。但是设计师需要切记，无论软件界面采用什么样的风格，界面中的各个元素风格都必须一致。

1.5.2 避免视觉噪声和混乱

软件界面中的视觉噪声一般是由过多的视觉元素造成的，多余的视觉元素将浏览者的注意力从直接传达功能和行为的主要对象上转移到他处。图 1-32 所示的软件界面存在视觉噪声，图 1-33 所示的软件界面完美避免了视觉噪声和混乱。

图 1-32 存在视觉噪声

图 1-33 避免视觉噪声

☆ 小技巧：视觉噪声的概念和作用

视觉噪声包括过分的装饰、不必要的元素、过度使用标尺、用于隔离控件的元素并且此视觉过于厚重，或者过分地使用视觉属性等。视觉上的过分装饰、混乱和过多的屏幕都会加重浏览者的认知负荷，使其产生信息焦虑的情绪，还会影响浏览者的阅读速度、理解能力和完成任务的节奏。

1.5.3 保持界面干净整洁

一般来说，软件界面应该使用简单的几何形状和最小的轮廓来设计。如果一个软件长时间占据浏览者的注意力，设计师应该考虑弱化视觉表现上的颜色和纹理。图 1-34 所示为保持了干净整洁的软件界面。

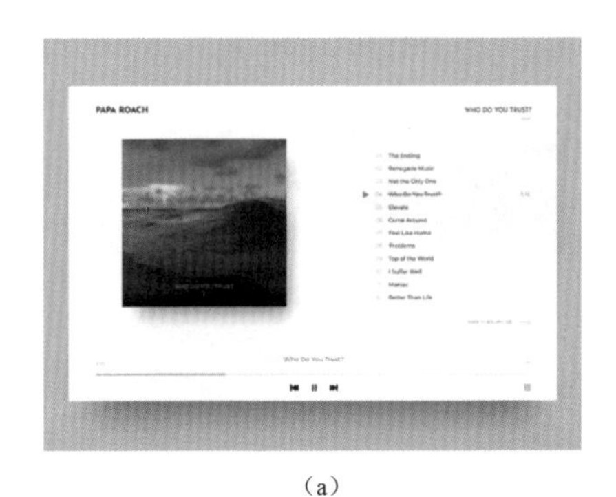

(a)

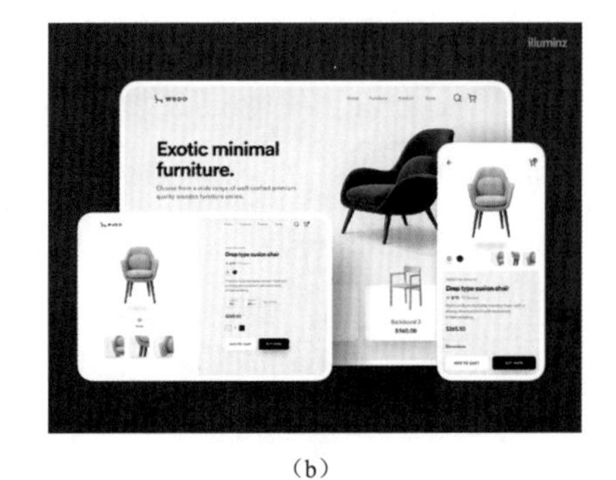

(b)

图 1-34 软件界面干净整洁

☆ 小技巧：弱化视觉表现的具体操作

第一，颜色的数量要严格限制，并且应该以低饱和度的颜色或者中性色为主。第二，可以适当加入一些高对比的颜色，作为强调重要信息的途径，这样一来可以让界面中的控件组织更加紧凑。

如果浏览者长时间注视着界面中相同的工具栏和菜单，他会得到一些纯粹因为熟悉感而产生的固化印象，如图 1-35 所示。

（a）

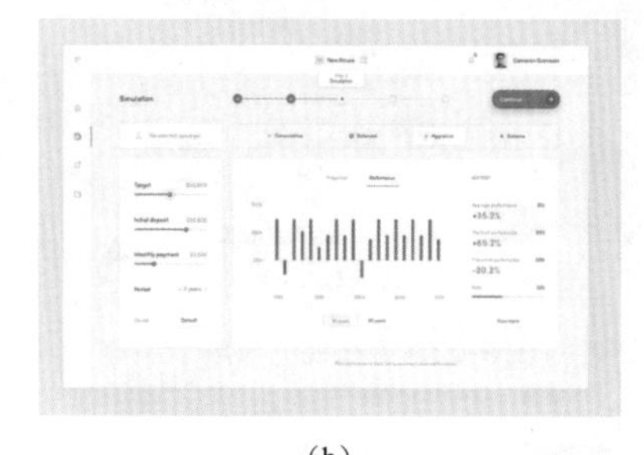

（b）

图 1-35　产生固化印象

☆ 提示

优秀的视觉界面和任何优秀的视觉设计一样，在视觉上应该是高效率的，代表它们有一个共同的特点，即让最少的视觉和功能元素发挥最大的效能。这样，设计师可以自由地使用更少的像素做更多的内容。

1.5.4　避免歧义

避免显示有歧义的信息，并通过测试确认所有用户对信息的理解是一致的。当无法消除歧义时，浏览者可以依靠标准或者惯例来避免歧义，设计师也可以设计版块用来告知浏览者使用他期望的方式去理解歧义之处。图 1-36 所示的软件界面可以很好地避免歧义。

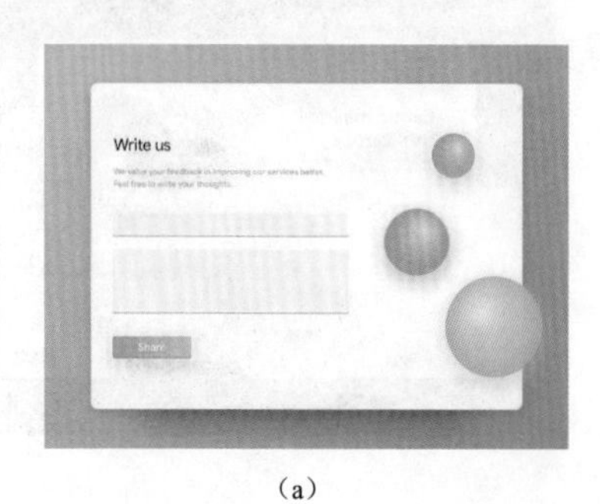

（a）

（b）

图 1-36　避免歧义的软件 UI 设计

1.5.5 消除视觉附加工作

视觉附加工作是指浏览者不得不分析的视觉信息，比如在列表中找到某个条目、判断从哪个位置开始阅读屏幕，或者通过观察决定哪些元素是可以点击的，哪些元素仅仅拥有装饰性目的。

图 1-37 所示的软件界面，各个模块的界限清楚明白，并且每个模块需要表达的内容单一而又量少。这样设计出来的软件界面，界面布局消除了浏览者的视觉附加工作，且界面布局非常合理、美观。

(a)

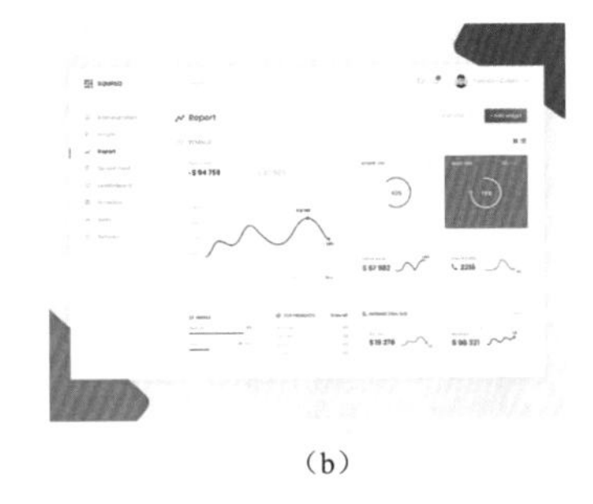

(b)

图 1-37 消除视觉附加工作的软件界面

☆ 小技巧：视觉隐喻

有时设计师过分依赖视觉隐喻，因此为浏览者在阅读软件界面时添加了各种附加工作，这些视觉隐喻能让人们容易理解程序元素和行为之间的关系，但了解了这些基本情况之后，隐喻的管理成为不必要的附加工作。

1.5.6 界面要美观优雅

软件界面的视觉设计对品牌形象、用户体验及本能反应等方面都有一定的支持作用，优秀和经典的视觉设计，它的要素之一即形式简约、以简御繁。

对于软件界面设计来说，应该使用最少的操作与学习成本来完成任务目的，并且需要软件界面保持美观和优雅。简约同样适用于行为，在视觉设计中给予用户简单的工具，让其运用最少的视觉区别来明确传达想要表达的内容，如图 1-38 所示。

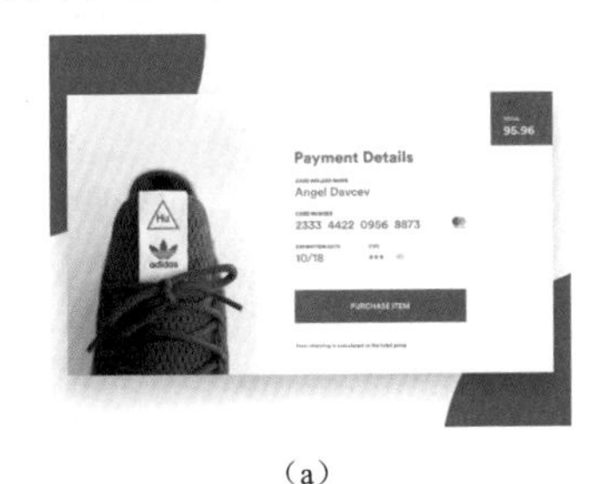

(a)

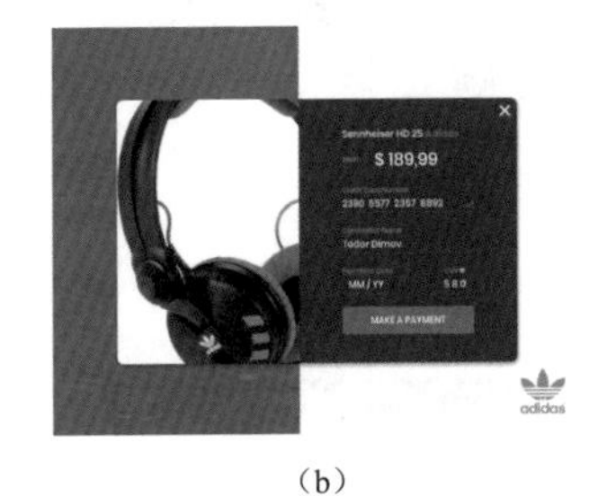

(b)

图 1-38 以简御繁使界面优雅

1.6 软件界面的设计趋势

软件界面的未来发展可能是视觉上的变化，也可能是逻辑操作等非视觉上的改变。设计趋势可能会受媒体、技术、时尚潮流以及可用性的影响，而且设计趋势是缓慢、逐渐渗透到所有设计分支中的。

1.6.1 半扁平化设计

扁平化设计在过去的很长一段时间内，被UI设计师所青睐，随着谷歌设计语言的发展，软件UI设计变得更加多维，逐渐往空间上发展。目前，许多软件UI设计使用“轻投影”效果，这种软件UI设计被称为“半扁平”设计，如图1-39所示。

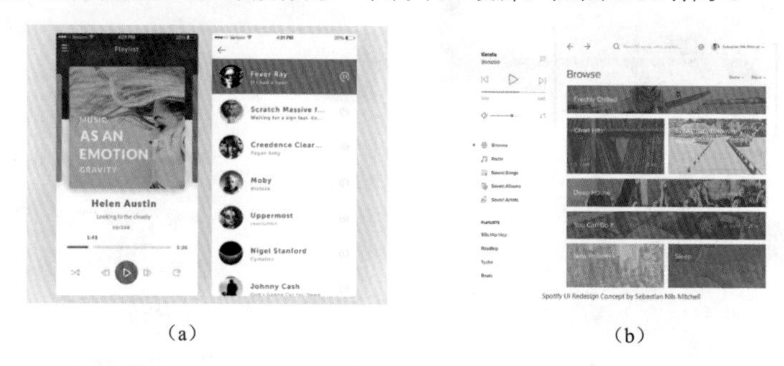

(a)　　(b)

图1-39　半扁平化设计

☆ 提示

软件UI设计中的扁平化风格是因为需要更符合开发技术而产生的，也是为了减少设计样式从拟物化风格进化而来。时至今日，扁平化的设计风格依旧很流行，只是它也拥有事物前进的本能，在不断地被改进中。

柔和平滑的渐变既为扁平化设计增加了深度和丰富性，又不会破坏扁平设计的感觉。这是扁平趋势的一个新做法，如图1-40所示。

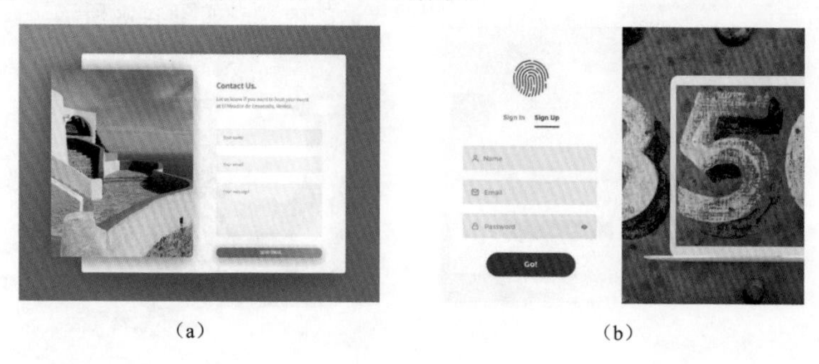

(a)　　(b)

图1-40　半扁平化设计

1.6.2 毛玻璃质感

毛玻璃质感是微软首先提出的，但微软并没有把握机会将此创意利用起来，随后被苹果采用，将此创意放入 iOS 7 的系统中，后期发布的系统中也一直沿用，至此毛玻璃质感成为移动端 App 界面的设计趋势。

通过研究调查和吸取过去的教训，微软在新设计语言 project NEON 中再次启用了毛玻璃质感。图 1-41 所示为拥有毛玻璃质感的软件 UI 界面。

（a）

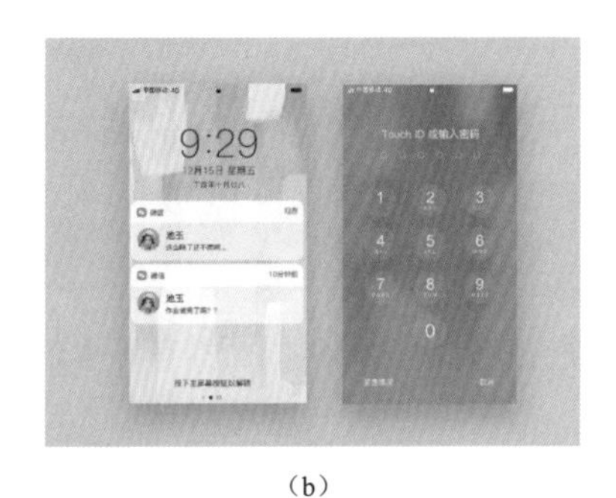

（b）

图 1-41　拥有毛玻璃质感的软件 UI 界面

1.6.3 浅色风格设计

浅色的配色之所以成为主流，是因为它的可读性非常强，研究表明，浅色背景上添加深色文本的可读性要优于深色背景上添加浅色文本。

报刊的版面设计中以白底黑字为主。因为大众已经习惯了白底黑字的阅读方式，当需要设计的软件 UI 中包含大量文字内容时，建议设计师尽量选择浅色风格进行设计，如图 1-42 所示。

现在流行的扁平和极简设计风格，大多以白色和浅灰色的界面来营造干净整洁的效果，这种设计风格基本上可以适用大部分的软件界面

图 1-42　浅色风格设计

以浅色作为软件界面的背景可以与任何品牌色进行搭配，都能得到还不错的效果，这一点是深色背景所不具备的，如图 1-43 所示。

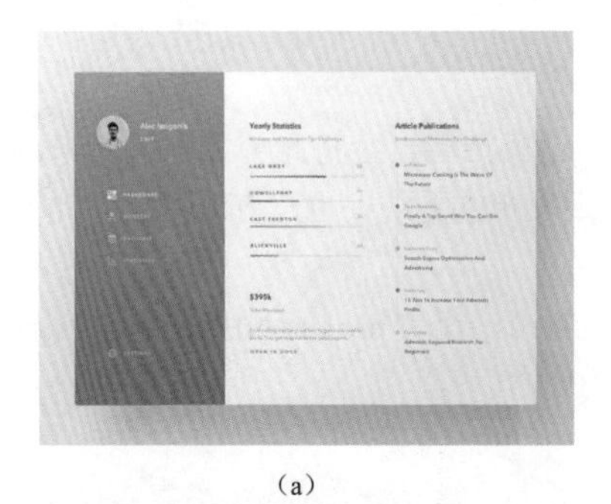

(a)

(b)

图 1-43　浅色风格的软件界面

1.6.4　深色风格设计

前面介绍的浅色风格界面拥有许多的好处，但是也并不代表深色风格的界面设计就一无是处。只要恰当并合理地对深色风格的界面设计进行布局和搭配，同样可以创造出很多惊艳的设计作品，如图 1-44 所示。

和明亮的界面不同，黑色的背景可以最大程度地减少视觉干扰，集中用户的注意力，并将主体产品凸显出来，深色风格的界面设计，它的对比度更强，也更容易营造氛围

图 1-44　深色软件界面设计

深色的配色风格很容易表现出科技感和品质感，在科技行业和奢侈品行业被广泛使用。图 1-45 所示中的某款奢侈品软件界面就使用了深色风格。

☆ 小技巧：深色风格设计的优势

在这个信息爆炸的时代，人们越来越离不开手机和计算机等智能设备。据统计，平均每人每天需要盯着屏幕至少两个小时以上，一些行业比如设计师和程序员，还有金融从业者，甚至每天需要在计算机前工作十几个小时，导致从业者的眼睛疲劳和眼睛疾病成为很大的困扰。暗色背景可以最大限度的减少光线对眼睛的刺痛感，因此很多专业软件，比如 Photoshop、Illustrator、编程软件以及炒股软件的界面都是深色的，它们的目的也是保护使用者的眼睛。

大多数与娱乐相关的软件 UI 设计，都使用深色的配色设计，是因为深色界面可以让用户获得沉浸式的体验，而且不容易被其他元素干扰。

图 1-45　深色风格的软件界面

软件 UI 设计和用户的使用场景也是息息相关的，当大部分的上班族结束工作开始休息时，傍晚已来临，这时的深色界面的设计风格与浏览者的使用场景将完美契合，如图 1-46 所示。

（a）

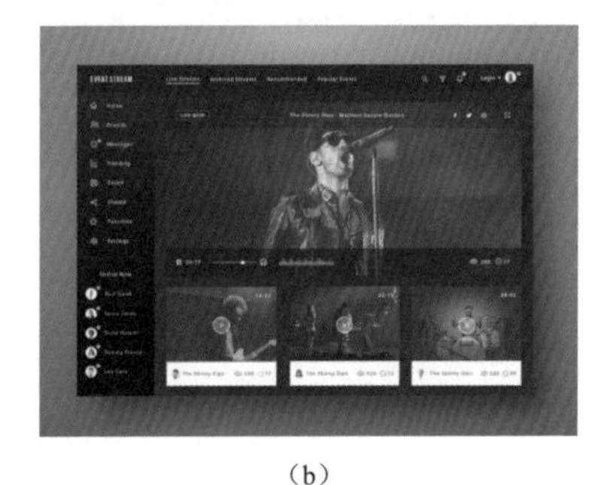

（b）

图 1-46　沉浸式的软件界面

☆ 提示

需要注意的是，当软件界面视觉层级比较复杂的时候，并不适合使用深色主题。例如设计一个功能完善的控制中心，控制中心界面将包含多组不同的组件，表单和图形都有，同时界面层级也非常复杂，这时使用深色的界面将无法区分多组元素。

1.7 软件界面的配色设计

在黑白显示器的年代，设计师是不用考虑设计中色彩的搭配的。今天，软件界面的色彩搭配可以说是软件界面设计中的关键，恰当地运用色彩搭配，不但能够美化软件界面，并且还能够增加用户的兴趣，引导用户顺利完成操作。

例如，在电子地图上可以使用不同的颜色区分不同的省、不同的国家；也可以使用同一种颜色的不同明度来区分海洋的深度或地形的高度；在游戏中还可以使用颜色来表示游戏的进程等。如果在软件界面中错误地使用颜色，会误导用户放弃操作，如有的打印程序使用红色表示激光打印机预热就绪，可以打印，但有的用户却误解为机器出现故障而放弃操作。因此，软件界面的色彩搭配直接关系到用户对软件操作的信赖程度。

1.7.1 色调的一致性

色调的一致性是指在整个软件系统中要采用统一的色调，就是有个主色调。例如，使用绿色表示运行正常，那么软件的色彩编码就要始终使用绿色表示运行正常，如果色彩编码改变了，用户就会认为信息的意义变了。

在开始软件界面设计之前，设计师应该统一软件界面中的色彩应用方式，并且在软件系统的整体界面设计过程中遵守。图 1-47 所示的软件系统中每个界面的配色都是统一的，整体只使用蓝色、红色或绿色等单一色调。

（a）　　（b）

图 1-47　色调的一致性

1.7.2 色彩属性差距小

所谓保守地使用色彩，主要是从大多数的用户考虑出发的，根据软件所针对的用户不同，在软件界面的设计过程中使用不同的色彩搭配。在软件界面设计过程中提倡使用一些柔和的、中性的颜色，以便于绝大多数用户能够接受。

如果在软件界面设计过程中急于使用色彩突出界面的显示效果，反而会适得其反。例如有些软件界面中使用较大的字体，并且每个文字还使用不同的颜色显示，在远距离看来，屏幕耀眼压目，可是这样的软件界面并不利于用户使用和操作。图 1-48 所示为使用柔和的中性色彩搭配。

（a）　　（b）

图 1-48　使用柔和的中性色彩搭配

1.7.3 色彩选择符合人眼习惯

对于一些具有很强针对性的软件，在对软件界面进行配色设计时，需要充分地考虑用户对颜色的喜爱。例如明亮的红色、绿色和黄色适合用于为儿童设计的应用程序。一般来说红色表示错误、黄色表示警告、绿色表示运行正常等。

如图 1-49 所示，使用的是代表严谨和认真的颜色设计布局医疗软件界面，图 1-50 所示为使用代表健康和美味的颜色设计的美食软件界面。

图 1-49 医疗软件 UI 设计

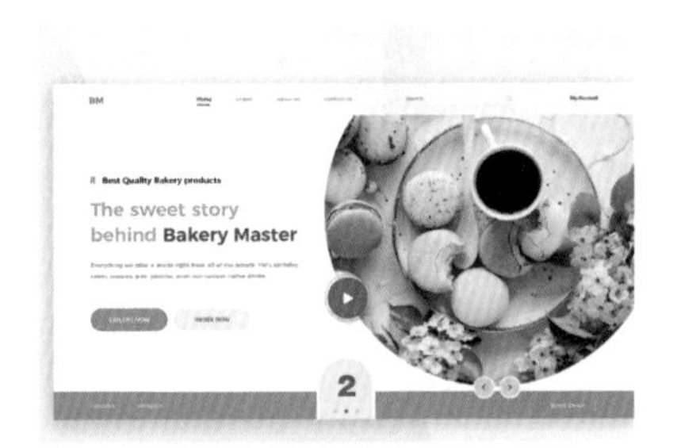

图 1-50 美食软件 UI 设计

1.7.4 使用色彩分类界面功能

不同的色彩可以帮助用户加快对各种数据的识别，明亮的色彩可以有效地突出或者吸引用户对重要区域的注意力，如图 1-51 所示。

设计师在软件界面设计过程中，应该充分利用色彩的这一特征，通过在软件界面中使用色彩的对比，突出显示重要的信息区域或功能。图 1-52 所示为使用色彩区分软件界面中不同的功能区域。

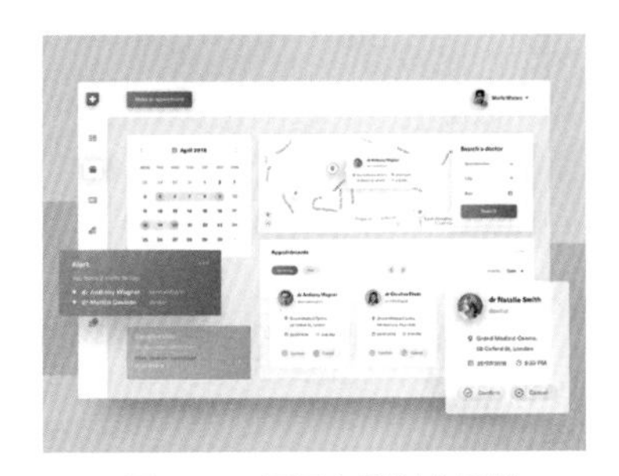

图 1-51 不同色彩划分区域

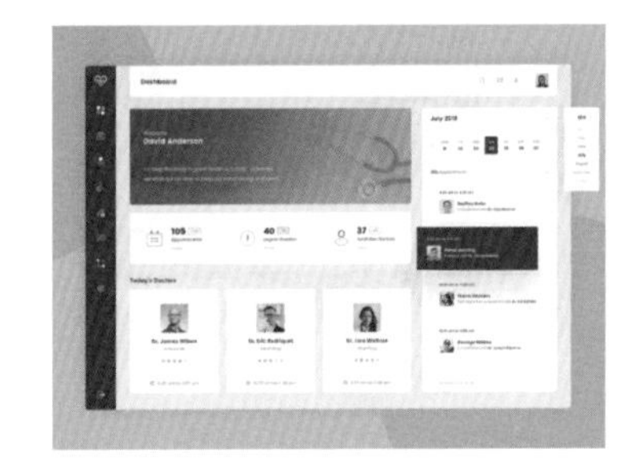

图 1-52 使用色彩分类区域

1.7.5 配色设计便于阅读

许多软件图形界面都可以让用户选择多种配色方案，这样可以满足用户个性化的需求和个人色彩的喜好习惯。例如 Windows 操作系统界面、浏览器界面、QQ 聊天界面等。

设计师在软件界面的设计过程中，可以考虑设计出软件界面的多种配色方案，以便用户在使用过程中自由选择，这样也能够更好地满足不同用户的需求。图 1-53 所示为软件界面的不同配色方案效果。

(a)

(b)

图 1-53　配色便于阅读

1.7.6　控制色彩的使用数量

要确保软件界面的可读性，就需要注意软件界面设计中色彩的搭配，有效的方法就是遵循色彩对比的法则。在浅色背景上使用深色文字，在深色的背景上使用浅色文字等。

通常情况下，在软件界面设计中动态对象应该使用比较鲜明的色彩，而静态对象则应该使用较暗淡的色彩，能够做到重点突出、层次清晰，如图 1-54 所示。

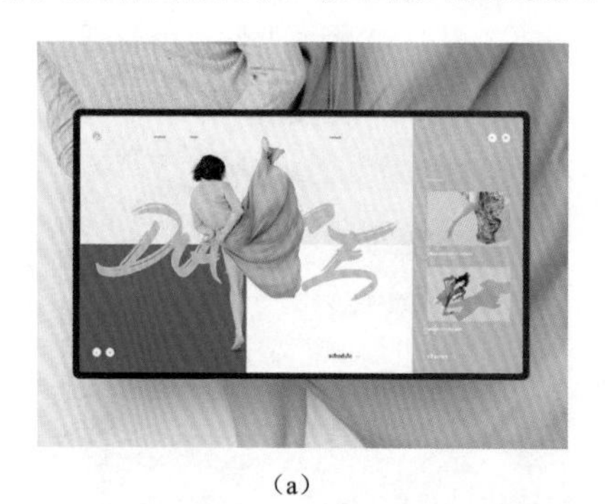

(a)

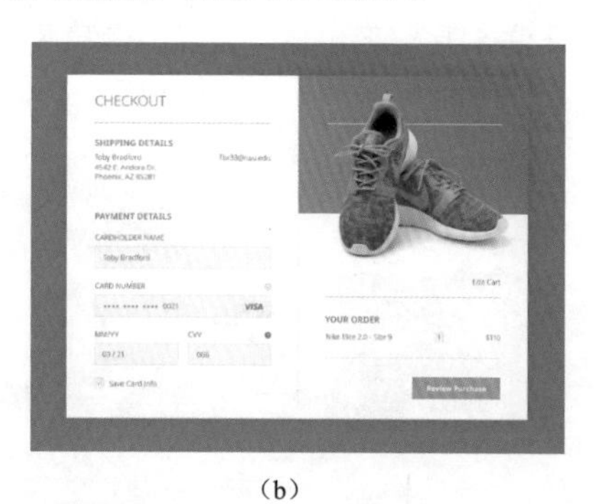

(b)

图 1-54　控制色彩的使用数量

1.7.7　多种方案可供选择

在软件界面设计中不宜使用过多的色彩，建议在单个软件界面设计中最多使用不超过 4 种色彩进行搭配，整个软件系统中色彩的使用数量也应该控制在 7 种左右，如图 1-55 所示。

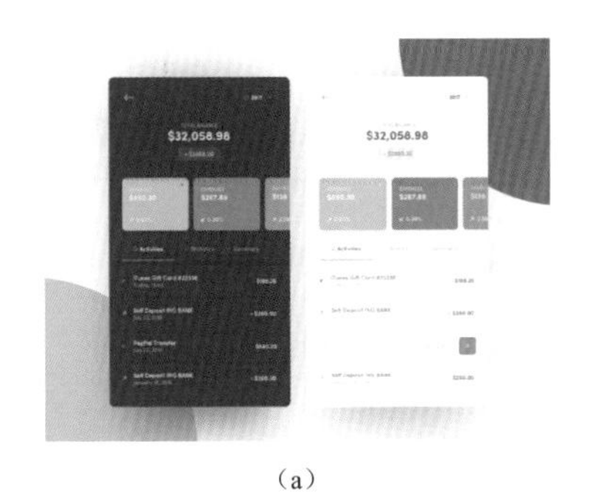

（a）

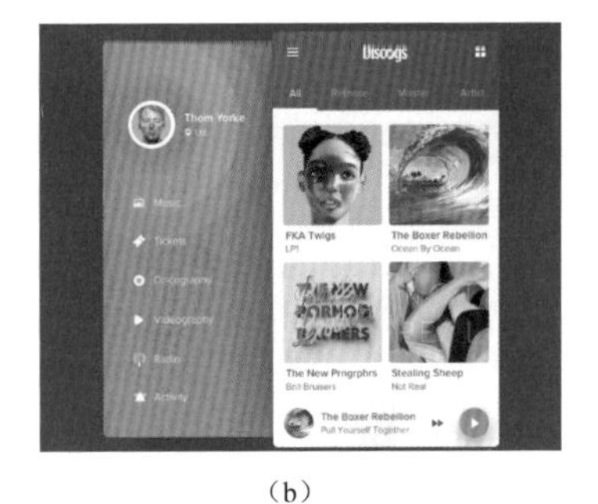

（b）

图 1-55　提供多种方案

1.8 举一反三——分析音乐软件主界面

通过学习本章的各个知识点，读者应该基本掌握了软件 UI 的设计要求和设计原则。下面读者利用所学知识，从软件配色设计、软件布局设计和软件风格设计三个方面来分析音乐播放器软件——酷狗的 UI 设计，如图 1-56 所示。

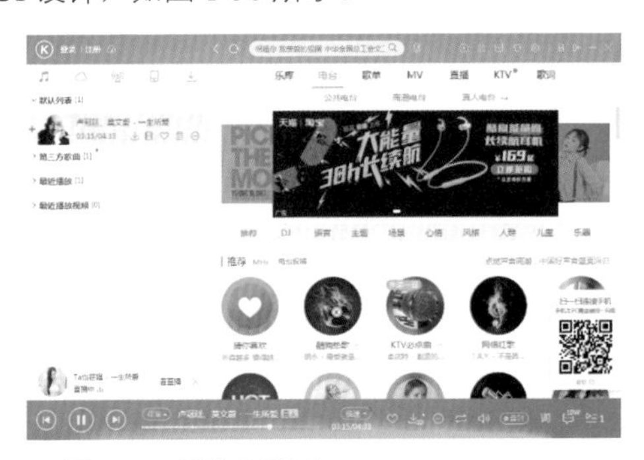

图 1-56　酷狗主界面

分析酷狗界面的 UI 设计特点，首先，软件界面采用了 LOGO 使用的蓝色和白色来布局软件 UI 界面，使软件界面的色调拥有一致性。其次，在软件界面中，放置菜单等重要信息的模块使用蓝色背景，其他模块使用白色背景，使软件界面层次结构清晰。最后，白色背景中使用黑色的文字，使软件界面中的文字拥有易读性。

1.9 本章小结

软件界面是软件华丽的外衣，决定着用户对软件的第一印象，软件界面设计的好坏，直接影响到用户对软件的整体印象和体验效果。本章主要介绍了有关软件界面设计的相关知识，使读者能够更加深入地了解软件 UI 设计，完成本章内容的学习后，读者要能够理解软件界面设计的流程和表现技巧。

第 2 章

软件界面的基础构成元素

本章主要内容

本书中软件界面设计主要是指软件界面的视觉设计，通过视觉设计构建视觉识别，这使软件的界面更加精美并且具有较高的识别度。在本章中将向读者介绍软件界面中各种视觉要素的设计方法和技巧。

2.1 软件界面中的视觉识别元素

软件界面设计是为了满足软件专业化、标准化的需求而产生的对软件的使用界面进行美化、优化和规范化的设计分支。在软件界面中包含多种不同的视觉识别元素，包括软件框架设计、图标设计、按钮设计、菜单设计、标签设计、滚动条及状态栏设计等。

2.1.1 软件按钮

图标设计是方寸艺术，应该着重考虑视觉冲击力，它需要在很小的范围内表现出软件的内涵，所以很多图标设计师在设计图标时使用简色，利用眼睛对色彩和网站的空间混合效果，做出许多精彩的图标。图 2-1 所示为精美的软件图标设计。

图 2-1 精美的软件图标设计

2.1.2 软件图标

软件按钮设计应该具备简洁明了的图示效果，能够让使用者清楚地认识按钮的功能，产生功能关联反应，如图 2-2 所示。

软件按钮的设计还应该具有交互性，即应该设计该按钮的 2 ～ 6 种状态效果，将不同的按钮效果应用在不同的按钮状态下，最基本的两种按钮状态效果分别为按钮的默认状态和鼠标箭头移至按钮上方点击时的按钮状态，如图 2-3 所示。

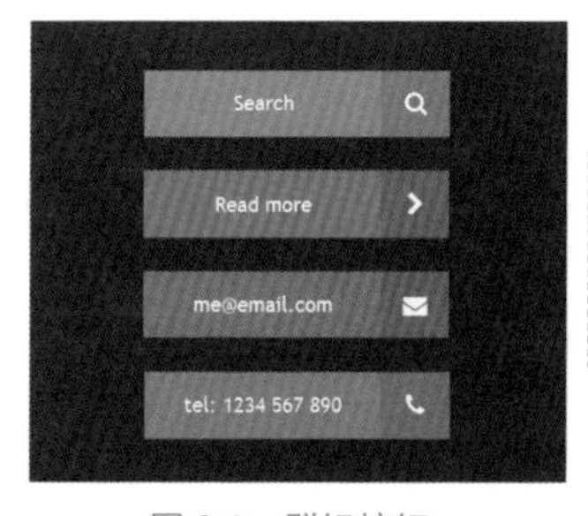

群组内的按钮应该具有统一的设计风格，功能差异较大的按钮应该有所区别

图 2-2 群组按钮

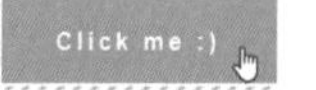

图 2-3 按钮的不同状态

2.1.3 软件菜单

软件菜单设计一般有选中状态和未选中状态，在每个菜单项的左侧显示的是菜单的名称，右侧则显示该菜单的快捷键，如果有下级菜单还应该设计下级箭头符号，不同功能区间应该使用线条进行分割。图 2-4 所示为工具类软件的菜单和游戏类软件的菜单。

图 2-4　软件界面中的菜单

▶ 2.1.4　软件标签

软件的标签设计类似于网页中常见的选项卡，在软件标签的设计过程中应该注意转角部分的变化，状态可以参考软件按钮设计。图 2-5 所示为软件标签。

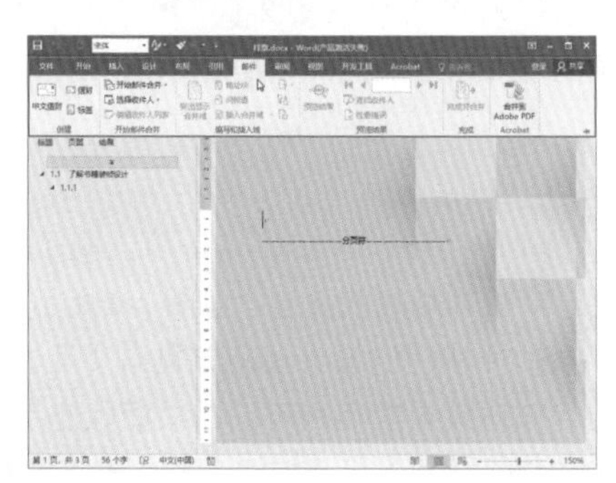

图 2-5　软件界面中的标签

▶ 2.1.5　软件滚动条

滚动条主要是为了对区域性空间的固定大小中内容量的变换进行设计，应该有上下箭头、滚动标等，有些软件还设计有翻页标。图 2-6 所示为软件界面中的滚动条。

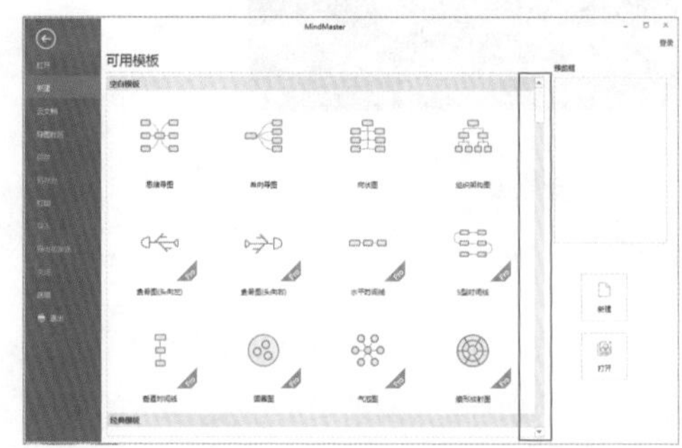

图 2-6　软件 UI 设计中的滚动条

2.1.6 软件状态栏

软件的状态栏主要是为了对软件当前状态进行显示和提示。图 2-7 所示为搜狗软件界面中的状态栏。

图 2-7 搜狗界面的状态栏

2.1.7 软件框架

软件框架，指的是为了实现某个业界标准或完成特定任务的软件组件规范，也指为了实现搭建某个完整软件时，提供包含了组件规范和基础功能的软件产品。

软件框架的功能类似于住宅区内的基础设施，它与具体的软件应用功能无关，但是它提供的内容可以实现最为基础的软件架构和逻辑体系。软件开发人员通常依据特定的框架实现更为复杂的商业运用和业务逻辑，如图 2-8 所示。

图 2-8 软件框架结构

☆ 提示

简单来说，框架就是制定一套规范或者规则，设计师和开发人员在该规范或者规则下完成软件界面的搭建。如果框架相同，相当于使用现有舞台来做编剧和表演。

软件框架的设计因为涉及软件的使用功能，应该对软件产品的程序和使用有一定的了解，相对其他视觉设计元素来说要复杂得多，这就需要设计师具有一定的软件跟进经验，能够快速地学习软件产品，并且与软件产品的程序开发员及程序使用对象进行沟通，从而设计出友好的、独特的，符合程序开发原则的软件框架，如图 2-9 所示。

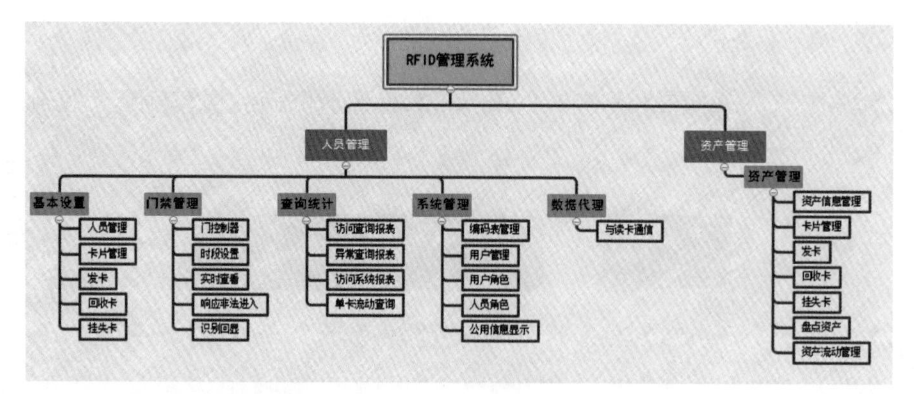

图 2-9　软件框架示意图

☆ 小技巧：软件框架设计要点

软件框架设计应该简洁明快，尽量减少使用无谓的装饰，应该考虑节省屏幕空间、各种分辨率的大小、缩放时的状态和原则，并且为将来设计的按钮、菜单、标签、滚动条以及状态栏预留位置。设计中将整体色彩组合进行合理搭配，将软件商标放在显著位置，主菜单应该放置在左边或上边，滚动条放置在右边，状态栏放置在下边，以符合视觉流程和用户使用心理。

2.2 文字元素设计

对于软件 UI 设计师来说，文字是一个可以帮助软件 UI 提升用户体验的重要元素，接下来为读者介绍提升软件 UI 中文字设计的方法，希望这些方法能给读者带来一定的帮助。

2.2.1　建立视觉层级

设计师的一个主要职责就是将界面中的元素整合起来，以一种清晰可见的形式呈现给用户。然而一个界面中不同元素的重要性是不一样的，有优先级之分。

当设计师将界面中的文字作为一个整体设计时，文字也会有轻重缓急之分。有些文字比较重要，产品方更希望用户能够先看到它，而有些文字则没有那么重要，产品方对于用户是否看到它并不在意。为了达到建立视觉层级的目的，设计师需要对界面中的主标题、次标题和正文内容进行分级设计。

1. 主标题

主标题一般来说是对整个软件 UI 内容的总结，符合要求的主标题必须使用户一眼看出界面的中心内容。主标题是用户进入一个软件 UI 时第一眼所看到的文字。

一般情况下，主标题应该使用字号较人的文字，并且常常伴随着字体加粗的效果。这样设计出的文字才可以更好地吸引用户的注意力。

为了更好地节约用户时间，主标题的内容需要简洁。一项研究表明，主标题如果是英文状态，最好控制在 5 ～ 6 个单词，如果是中文状态，则最好控制在 8 ～ 12 个文字，如图 2-10 所示。

产品方希望通过突出主标题来吸引用户注意力，但是不要过度突出。因为用户对于具象元素（插画、图标、图像等）的感知能力比文字要强烈许多

图 2-10　软件 UI 中的主标题

☆ 提示

如果产品生产方想宣传一款软件，最好的方案就是直接给用户展示软件图片。那么，文字和图片搭配使用时，文字的作用只是辅助说明。因为设计师需要掌握软件 UI 中图片与文字的大小比例，不能过度放大主标题的字号造成对图片的遮盖。

2. 次标题

一个主标题不可能将软件 UI 中的所有信息都涵盖，这时，就需要次标题来完善软件 UI。次标题的要求和主标题类似，首先需要文字简洁、概括性强；其次，次标题有时也需要进行加粗处理。

同时，设计师们为了让用户将次标题和主标题区分开来，次标题的字号需要小于主标题的字号，如图 2-11 所示。

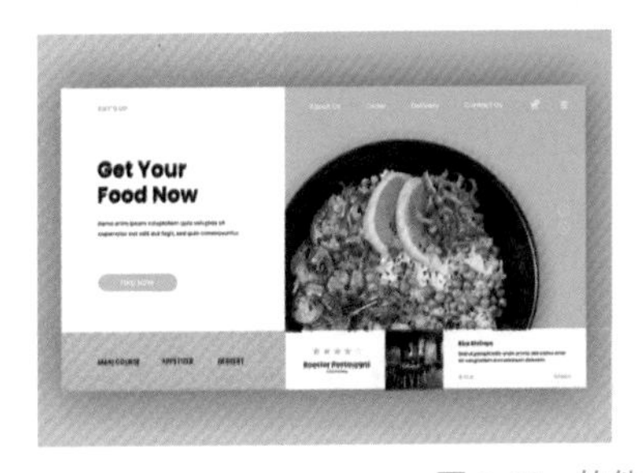

图 2-11　软件 UI 中的次标题

3. 正文

正文是提供详细说明和解释的文字，从界面层级的角度来说，它的重要性要低于主标题和次标题的重要性。

☆ 提示

正文文字长度没有定论，有的设计师认为大段的文案可以给用户提供更为详细的解释说明，而且看起来更加正规、严谨。但是也有设计师认为用户并不喜欢阅读大量的文字。

• 设备

简练的文案设计适用于移动端 App 界面。移动端的 App 软件相对来说空间有限，如果文字太多会显得界面拥挤不堪，这样一来就会影响 App 界面的美观程度，同时也会降低用户的阅读体验，如图 2-12 所示。

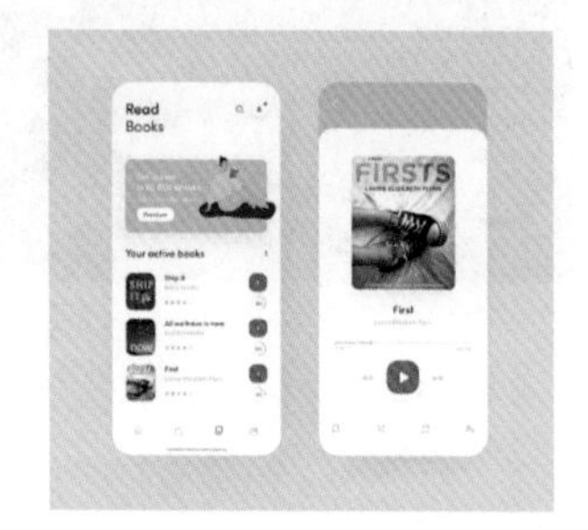

图 2-12　简练的文案设计

大段的文案设计更适用于计算机端的软件界面，计算机端的软件界面有足够的空间来展示特定内容的详细信息或者用户不太熟悉的内容。因为这些内容需要用户仔细阅读，所以合理地对其进行排版是非常重要的，如图 2-13 所示。

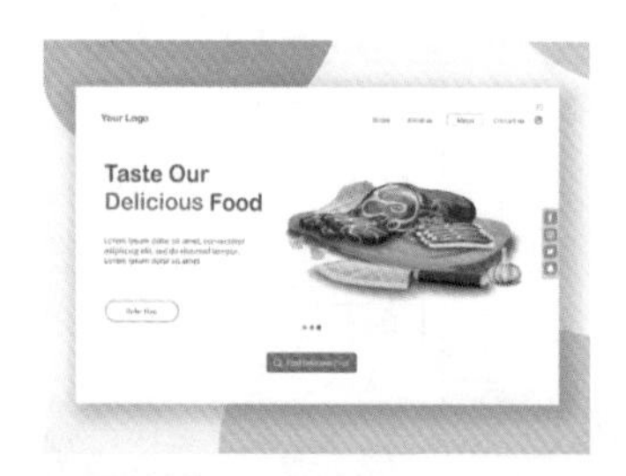

图 2-13　大段的文案设计

• 产品定位

产品的定位对于正文文案的选用是具有决定性意义的。例如，设计一个阅读或旅行类的软件，这类界面的风格一般会偏向文艺和小众，正文文案篇幅要足够短，如果界面中包含大量的留白，那么界面会给用户带来一种透气、从容、开放、平静和自由的感觉，而这些感觉都是与产品的风格相契合的。

相反，如果界面中的元素多且杂，用户就会产生视觉压力，引发用户紧张和刺激等情绪。并不是所有拥挤的界面设计都会引发紧张情绪，如果文字和界面中其他元素的空间可以进行合理的排版，行间距留的足够大，那么也可以做到保持内容可读性的同时保留页面的“呼吸感”，如图 2-14 所示。

图 2-14　使用文字进行产品定位

☆ 小技巧：文字元素设计的重要性

文字是软件 UI 设计中一个重要的基础元素，文字使用的好坏会极大影响产品的用户体验。如果用户打开一款软件，发现界面中的文字都是同一个字体，同样大的字号，并且文字颜色都是一成不变的。这样的文字设计使用户读起来非常累，并且费时费力。用户需要花费大量的时间来提取界面中的有用信息，这会使他们非常烦躁，从而放弃使用该款软件，转而使用另一款界面设计更加友好、文字设计更加合理的软件。由此可知文字设计对软件 UI 设计的重要性。

2.2.2　添加交互元素

读者想要设计出灵活美观的软件 UI，可以为软件 UI 添加一些交互元素。有时添加的交互元素不需要文字也可以完成，比如移动端界面中的接电话或者短信提示，使用图标完成交互性。当内容过于抽象无法用图标诠释时，设计师可以使用文字替代图标或其他元素，如图 2-15 所示。

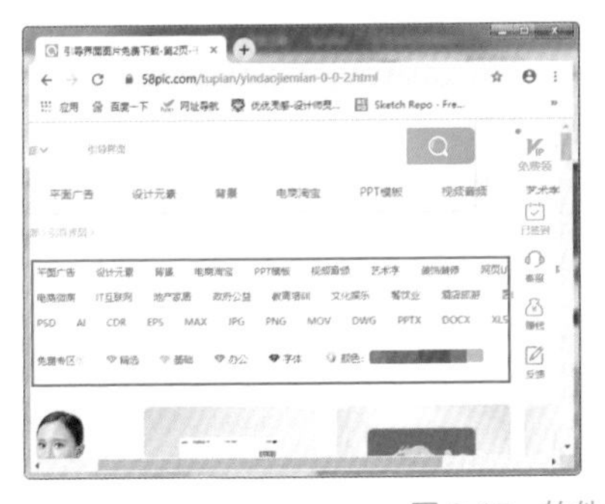

图 2-15　软件 UI 中的交互元素

☆ 提示

交互元素对文字长度的要求极其严格，如果是英文状态，最好将内容控制在 2 ～ 4 个字母或者单词；如果是中文状态，最好将内容控制在 3 ～ 8 个文字。

近年来，源于对干净、精致界面的追求，轻型文字越来越受到设计师的欢迎。归根结底，轻型文字是简约设计趋势的产物，其外观表现为字体越来越细长。

读者需要注意，过于狭长的字体在节省页面空间的同时，文字的易读性也会有所降低，这是设计师在设计软件 UI 时需要权衡的问题，如图 2-16 所示。

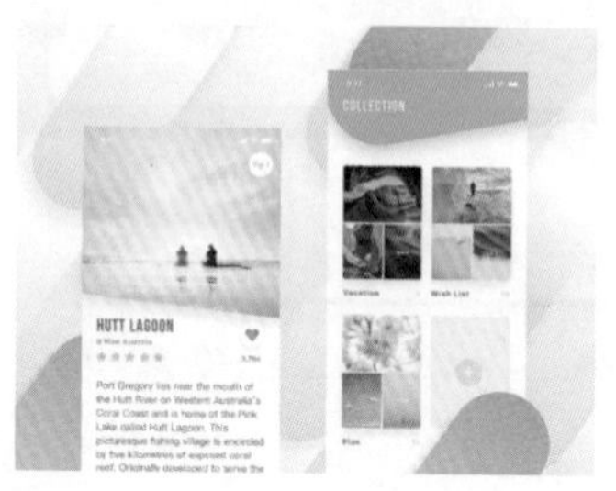

图 2-16　软件 UI 中的轻型文字

2.3 按钮元素设计

在软件 UI 设计中，图标和按钮设计占有很大的比例，图标和按钮一般是为软件提供单击功能或者用于着重表现软件中的某个功能或内容，了解其功能和作用后要在其辨识度上下功夫。

2.3.1　软件按钮

简单精致的软件按钮在软件界面设计中比较常见，也是最常用到的设计，它必须在很小的范围内有序地排列字体和图标并进行颜色的搭配等。

在设计制作过程中，要考虑到用户的视觉感受，不需要过于花哨，设计应该简单明了，重点突出按钮的功能，如图 2-17 所示。

按钮与图标非常类似，但又有所不同，图标着重表现图形的视觉效果，而按钮则着重表现其功能性。在按钮的设计中通常采用简单直观的图形，充分表现按钮的可识别性和实用性

图 2-17　按钮设计示意

2.3.2　按钮设计原则

不要将软件按钮设计得太过于花哨，否则使用者不容易看出它的功能，优秀的按钮设计是使用者只要看一眼外形就知道其功能。

• 形状易识别

浏览者需要花费精力识别软件 UI 中的按钮，所以按钮应设计为易识别。设计易识别的按钮，一是按钮的颜色不能与软件 UI 背景相重合；二是设计按钮的形状要简单易懂，如图 2-18 所示。

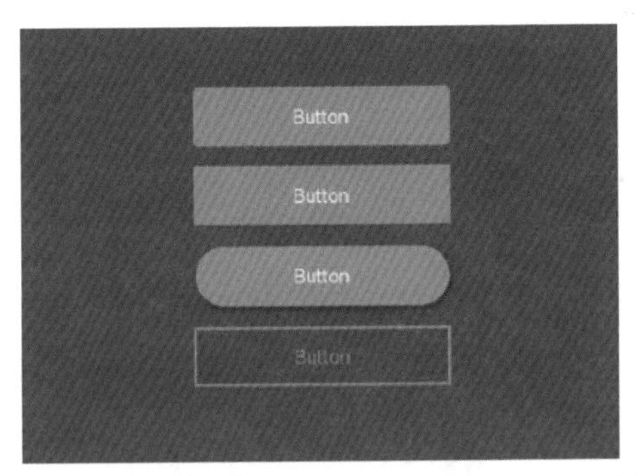

"形状易识别"的按钮，是按钮易识别的最直接方式

图 2-18 形状易识别

• 保持一致性

设计师在设计各个软件 UI 构成元素时，需要遵守用户界面的一致性原则。即软件 UI 中的任意元素应与主题保持一致，按钮设计也不例外，如图 2-19 所示。

图 2-19 按钮组设计需保持一致

• 控制按钮数量

设计师必须优先考虑软件 UI 中的重要操作，并制作相应的按钮。软件 UI 中的其他操作，可使用图标或者广告链接等元素替代。软件 UI 中的按钮和操作过多，会使浏览者生出困惑感，产生"零操作"，如图 2-20 所示。

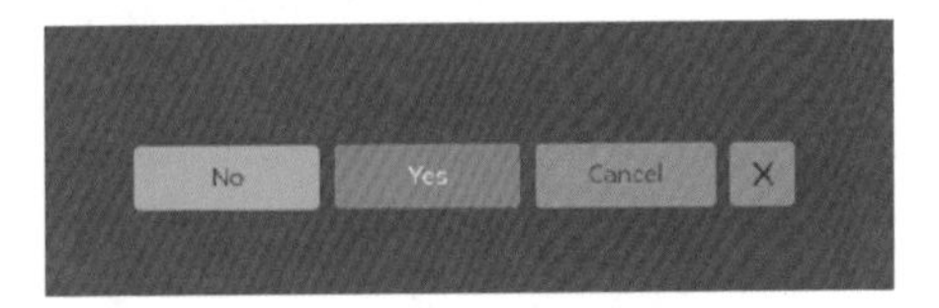

图 2-20 控制按钮数量

• 避免过度设计

太复杂的按钮设计会让软件 UI 显得混乱和沉重，也不易让浏览者发现。图 2-21 所示为两组按钮设计，上组的复杂按钮设计，其展示效果较为杂乱；下组的简单按钮设计，其展示效果则非常简洁明了。

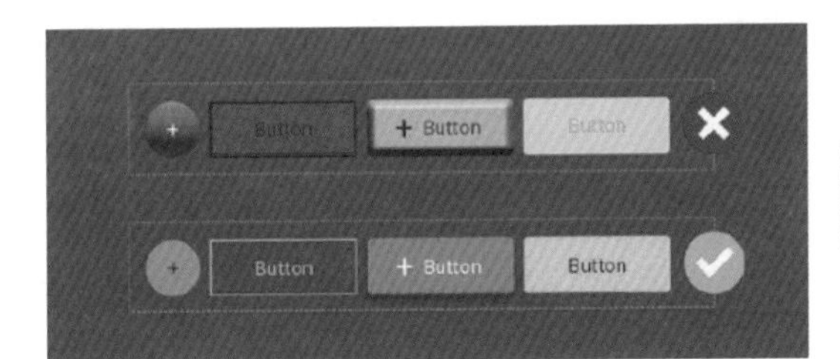

设计师要避免过度设计按钮，让按钮保持足够的发挥空间

图 2-21 按钮避免过度设计

• 使用对比色引导用户

不同按钮之间清晰的颜色对比，能够引导浏览者正确选择相应的按钮。设计师需要帮助用户识别正确、错误和不可用等行为，如图 2-22 所示。

正确的行为需要高对比度加以引导

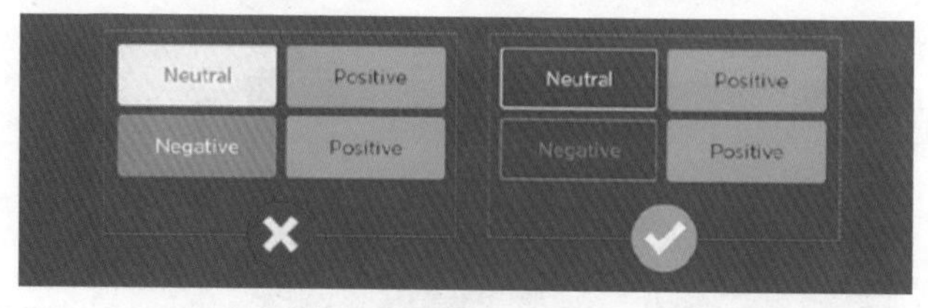

图 2-22　按钮设计使用对比色

• 告诉用户按钮的功能

浏览者需要能够正确判断按钮的功能，这就要求按钮拥有高度的可识别性。设计师可以在按钮上添加小图标，引导浏览者尽快发现它，了解按钮的功能并执行，如图 2-23 所示。

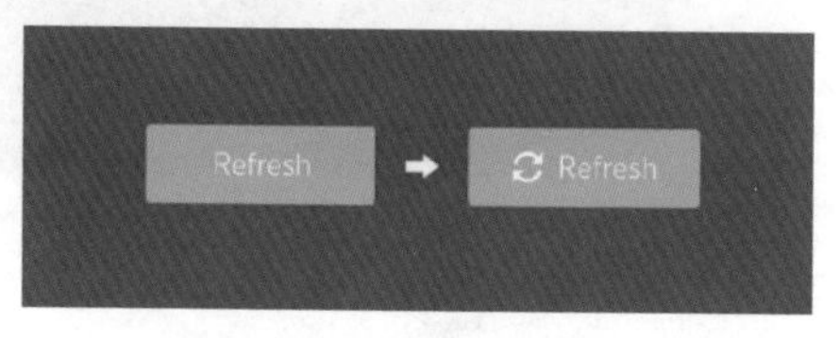

图 2-23　按钮设计添加图标

微视频

☆练一练——设计制作软件中的按钮组☆

源文件：第 2 章 \ 2-3-2.psd　　　　视频：第 2 章 \ 2-3-2.mp4

• 案例分析

本案例是设计制作一组 App 软件按钮，按钮的设计风格紧跟设计潮流，减少高光和阴影的使用，同时按钮组遵循了颜色对比、添加图标和避免过度设计等设计原则，使按钮组看起来更加简单、时尚，也更加具有吸引力，如图 2-24 所示。

图 2-24　按钮组的图像效果

• 制作步骤

Step01 打开 Photoshop CC 软件，单击欢迎面板中的“新建”按钮，在弹出的对话框中设置各项参数如图 2-25 所示。设置完成后，单击“创建”按钮。

Step02 单击工具箱中的“渐变工具”按钮，在打开的“渐变编辑器”窗口中设置从 RGB（208，213，218）到 RGB（237，241，243）的渐变颜色值，使用“渐变工具”从画布左上角向右下角拖曳鼠标箭头完成填充，效果如图 2-26 所示。

☆ 提示

用户需要单击工具箱中的“移动工具”按钮，使用 Ctrl+R 调出标尺，使用“移动工具”从标尺处向下拖曳鼠标箭头，可以添加参考线。用户也可以执行“视图”→“新建参考线”命令，在弹出的对话框中设置参考线的位置。本案例需要添加的参考线均在水平方向，具体位置分别是 44px、186px、270px 和 416px。

图 2-25 新建文档

图 2-26 填充渐变背景

Step03 单击工具箱中的“圆角矩形工具”按钮，在画布中单击并拖曳鼠标创建一个 436×136px 的圆角矩形形状，设置圆角值为 15px，效果如图 2-27 所示。

Step04 打开“图层”面板，双击形状图层，在弹出的“图层样式”对话框中选择“描边”选项，设置参数，如图 2-28 所示。

图 2-27 创建形状

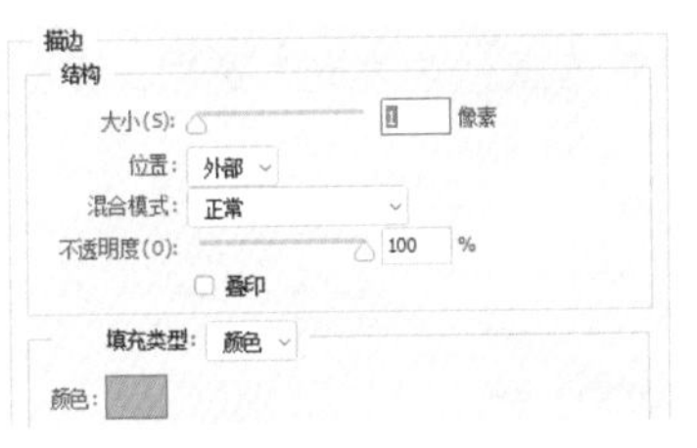

图 2-28 设置“描边”的图层样式

Step05 继续在“图层样式”对话框中选择“渐变叠加”选项，设置图层样式的各项参数，如图 2-29 所示。最后在“图层样式”对话框中选择“投影”选项，设置图层样式的各项参数，如图 2-30 所示。

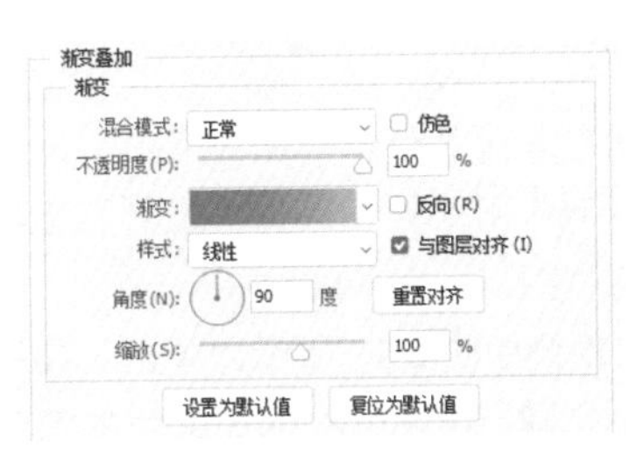

图 2-29 设置“渐变叠加”的图层样式

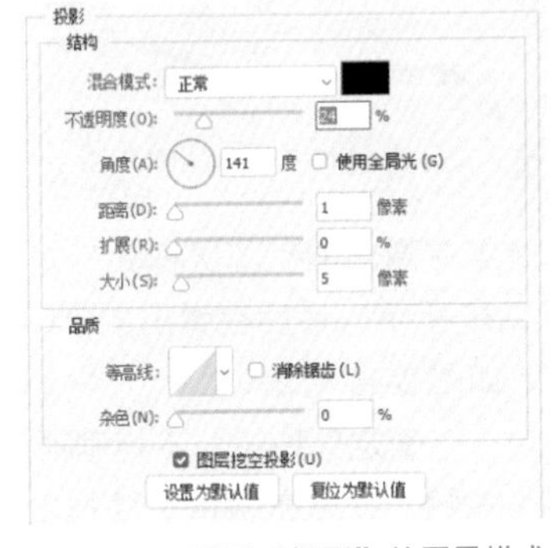

图 2-30 设置“投影”的图层样式

Step06 单击“确定”按钮，形状效果如图 2-31 所示。单击工具箱中的“圆角矩形工具”按钮，在画布中单击并拖曳鼠标创建形状，使用“直接选择工具”调整形状上方的两个锚点，图像效果如图 2-32 所示。

图 2-31　图像效果

图 2-32　创建不规则形状

☆ 提示

在画布中创建的圆角矩形大小为 90×90px，设置 4 个圆角值为 10px、10px、30px、30px，之后使用“直接选择工具”选中圆角矩形左上角的锚点，使用键盘中的方向键使其向左移动，移动完成后，继续使用“直接选择工具”选中圆角矩形右上角的锚点，使用键盘中的方向键使其左右移动，最终完成绘制。

Step07 打开“图层”面板，双击选中图层，在弹出的“图层样式”对话框中选择“描边”选项，设置图层样式参数如图 2-33 所示。设置完成后，继续在弹出的“图层样式”对话框中选择“内发光”选项，设置图层样式参数，如图 2-34 所示。

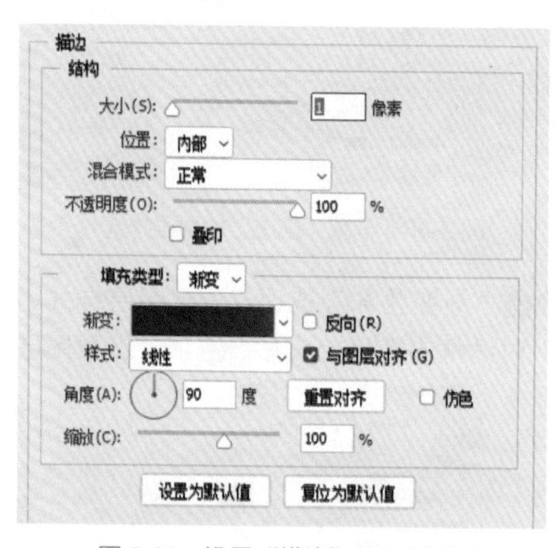

图 2-33　设置“描边”的图层样式

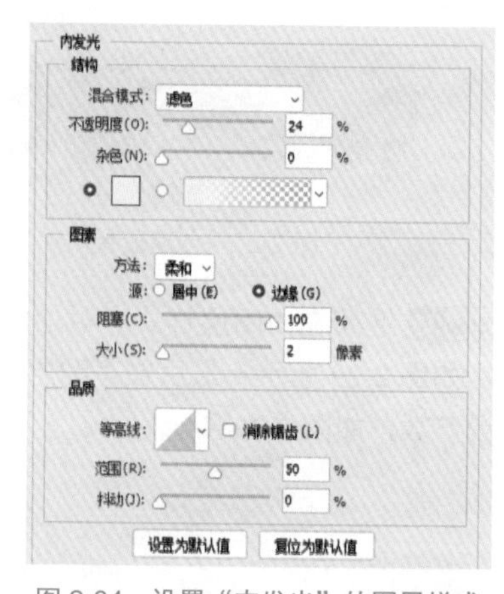

图 2-34　设置“内发光”的图层样式

Step08 继续在弹出的“图层样式”对话框中选择“渐变叠加”选项，设置图层样式参数，如图 2-35 所示。最后在弹出的“图层样式”对话框中选择“投影”选项，设置图层样式参数，如图 2-36 所示。

Step09 单击“确定”按钮，不规则形状的效果如图 2-37 所示。单击工具箱中的“圆角矩形工具”按钮，在画布中单击并拖曳鼠标创建一个 114×24px 大小的圆角矩形，形状的 4 个圆角值为 4px、4px、12px、12px，效果如图 2-38 所示。

Step10 打开“图层”面板，双击图层弹出“图层样式”对话框，选择“渐变叠加”选项，设置如图 2-39 所示的图层样式参数。图层样式设置完成后，单击“确定”按钮，调整图层顺序不规则形状的图像效果，如图 2-40 所示。

图 2-35 设置“渐变叠加”的图层样式

图 2-36 设置“投影”的图层样式

图 2-37 图像效果

图 2-38 创建形状

图 2-39 设置“渐变叠加”的图层样式

图 2-40 图像效果

Step 11 打开“字符”面板，在“字符”面板中设置字体、字号和间距等参数，如图 2-41 所示。单击工具箱中的“横排文字工具”按钮，在画布中添加文字内容，文字内容的图像效果如图 2-42 所示。

Step 12 打开“字符”面板，在“字符”面板中设置字体、字号和间距等参数，如图 2-43 所示。单击工具箱中的“横排文字工具”按钮，在画布中添加文字内容，文字内容的图像效果如图 2-44 所示。

图 2-41 设置字符参数

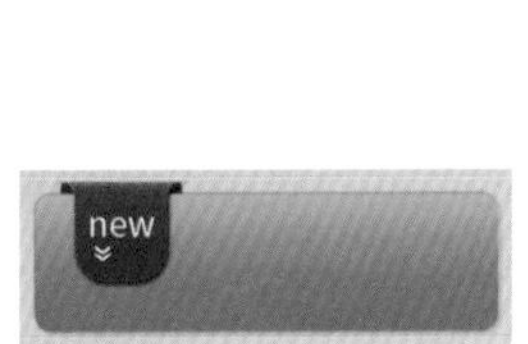

图 2-42 输入文字内容

图 2-43 设置字符参数

图 2-44 输入文字内容

Step 13 文字输入完成后，第一个按钮制作完成，根据第一个按钮的制作方法完成其他按钮的制作，按钮组的图像效果如图 2-45 所示。

Step 14 执行“视图”→“显示额外内容”命令，将参考线隐藏后，可以更加直观地观察按钮组的图像效果，如图 2-46 所示。

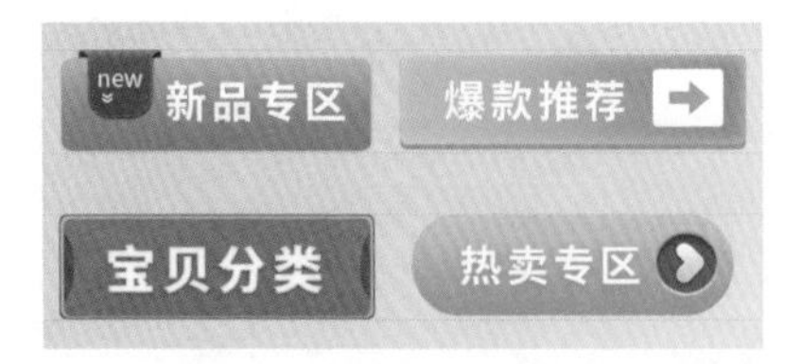

图 2-45　按钮组的图像效果

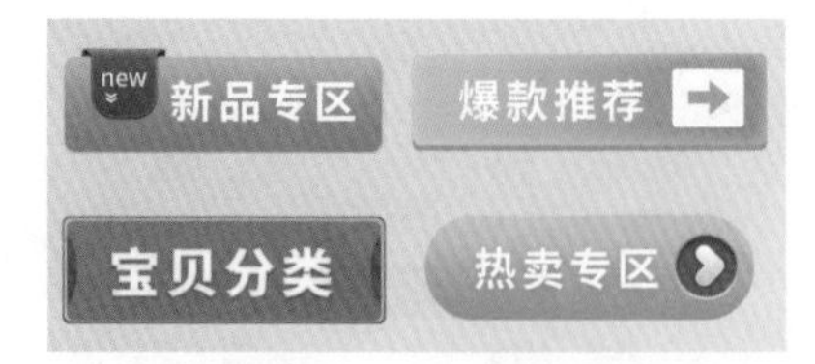

图 2-46　直观感受按钮组

2.4 图标元素设计

图标元素存在于任何应用软件界面和 App 软件界面中，并且无处不在的图标的形式和设计越来越单一，接下来为读者介绍什么是软件图标、图标的常用格式和图标设计的原则，让读者可以从中获取知识，从而设计出精致、美观且实用的图标。

2.4.1　软件图标的概念

图标是一种小的可视控件，在软件界面设计中的指示路牌，以最便捷、简单的方式指引浏览者获取其想要的信息资源。图标是具有明确指代含义的计算机图形。其中，操作系统桌面图标是软件或操作快捷方式的标识，界面中的图标是功能标识。

图标在软件界面中无处不在，是软件界面设计中非常重要的设计元素。随着科技的发展，社会的进步，人们对美、时尚、趣味和质感的不断追求，图标设计呈现出百花齐放的局面，越来越多精致、新颖、富有创造力和人性化的图标涌入浏览者的视野。但是，图标设计不仅需要精美、质感，更重要的是具有良好的可用性，如图 2-47 所示。

图 2-47　图标设计具有可用性

☆ 提示

好的图标设计不仅需要精美，具有可识别性和独特性，更重要的是具有很强的实用性，所以好的图标设计具有以下几个特点：多样性、艺术性、准确性、实用性和持久性。

2.4.2　图标的常用格式

图标也称 iCON，广泛应用于程序标志、数据标志、命令选择、模式信号或切换开关和状态指示等，图标有助于用户快速执行命令和打开程序文件。

一个图标就是一套相似的图片，每一张图片有不同的格式，图标包含透明区域，在透明区域内可以透出图标下的背景。操作系统和显示设备的多样性导致了图标格式的多样性要求，表 2-1 所示为几种常用的图标格式。

表 2-1 常用的图标格式

格式	使用平台	说　明
ICO	Windows、Web 浏览器	ICO 格式是 Windows 图标文件格式的一种，可以存储单个图案、多尺寸、多色板的图标文件。一般所说的 ICO 图标是作为浏览器首段图标显示，还可以在收藏夹内收藏内容的前段显示小图标
ICNS	Macintosh	ICNS 格式是苹果操作系统上的图标格式，这种格式的图标为点阵图，最大可能支持 1024×1024px 的尺寸。ICNS 文件中可以包含多个不同大小、不同颜色深度的图标
PNG	Web 浏览器、软件开发工具包、App	PNG 格式是一种便携式网络图形，支持位图图像格式与无损数据压缩，能够提供较好的图片质量。PNG 是一种常见的图像格式，支持透底的图形效果，主要用于计算机程序和网站，但由于出现较晚，一些早期的低版本浏览器不支持
BMP	网络、Windows	BMP 格式最早应用于微软公司的 Windows 操作系统，是一种 Windows 标准的位图图形文件格式。它几乎不压缩图像数据，图片质量较高，但文件体积也相对较大，BMP 文件格式可以存储两个单色和不同深度彩色的格式
GIF	网络、App	GIF 格式使用的压缩方式会将图片压缩的很小，非常有利于在互联网上传输，此外它还支持以动画方式存储图像。GIF 格式只支持 256 种颜色，而且压缩率较高，所以比较适合存储颜色线条非常简单的图片

2.4.3 图标设计原则

界面设计的未来方向是简洁、易用和高效，精美的扁平化图标设计往往起画龙点睛的作用，从而提升设计的视觉效果。现在，图标的设计越来越新颖、有独创性，扁平化图标设计的核心思想是要尽可能地发挥图标的优点：比文字更直观漂亮，在该基础上尽可能使简洁、清晰、美观的图形表达出图标的意义。

- 可识别性

可识别性是图标设计的首要原则，指设计的图标要能够准确地表达相应的操作，让浏览者一眼看到就能明白该图标要表达的意思，如图 2-48 所示。

- 差异性

差异性原则是图标设计的重要原则之一，同时也是容易被设计者忽略的一条原则。设计师应该非常注重差异性原则，因为只有图标之间存在差距，才能在被浏览者关注和记忆时，对设计内容留有印象，如图 2-49 所示。

右图中的指示图标，具有识别性强、直观和简单等特点，即使不认识字的人，也可以立即了解图标的含义

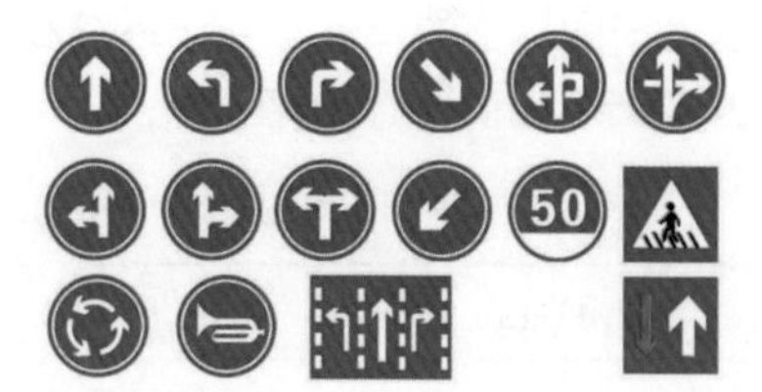

图 2-48　图标的可识别性

图标设计如果没有对浏览者进行视觉洗礼，注定这款图标将是失败的作品

图 2-49　图标的差异性

• 实用性

在软件界面中经常会使用一些系统操作小图标，这些系统操作小图标的设计虽然简单，却很实用，如图 2-50 所示。

通常，软件界面不需要精度很高、尺寸很大的图标，并且这些图标要符合差异性、可识别性和风格统一的原则

图 2-50　图标的实用性

• 与环境协调

任何图标或设计都不可能脱离环境而独立存在，图标最终要放在软件界面中才会起作用，因此，图标的设计要考虑图标所处的环境，这样的图标才能更好地为设计服务，如图 2-51 所示。

图 2-51　图标要与环境协调统一

• 视觉美观

图标设计追求视觉效果，一定要在保证差异性、可识别性和协调性原则的基础上，先满足基本的功能需求，然后考虑更高层次的要求——视觉要求，图 2-52 所示为视觉效果出众的软件图标。

• 创新性

随着时代的发展和人们审美的提高，图标的设计更是层出不穷，要想让浏览者注意到设计的内容，对图标设计者提出了更高的要求，如图 2-53 所示。

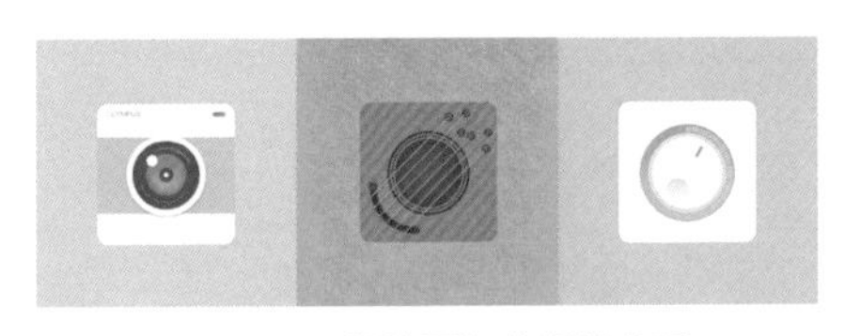

图 2-52 保持图标的视觉美观

在保证图标实用性的基础上，提高图标的创新性，只有这样才能区别于其他图标，给浏览者留下深刻的印象

图 2-53 图标的创新性

☆练一练——设计制作软件中的图标组☆

微视频

源文件：第 2 章 \ 2-4-3.psd　　视频：第 2 章 \ 2-4-3.mp4

• 案例分析

本案例是设计制作一组图标，根据前面讲解过的知识，设计制作图标组时，必须保证图标组的一致性、可识别性、差异性、实用性、与环境协调、视觉美观和创新性，如图 2-54 所示。

图 2-54 图像效果

• 制作步骤

Step 01 打开 Photoshop CC 软件，单击欢迎面板中的“新建”按钮，在弹出的对话框中设置各项参数如图 2-55 所示。设置完成后，单击“创建”按钮。

Step 02 执行“视图”→“新建参考线”命令，弹出“新建参考线”对话框，在对话框中设置参考线的位置，如图 2-56 所示。

图 2-55 新建文档

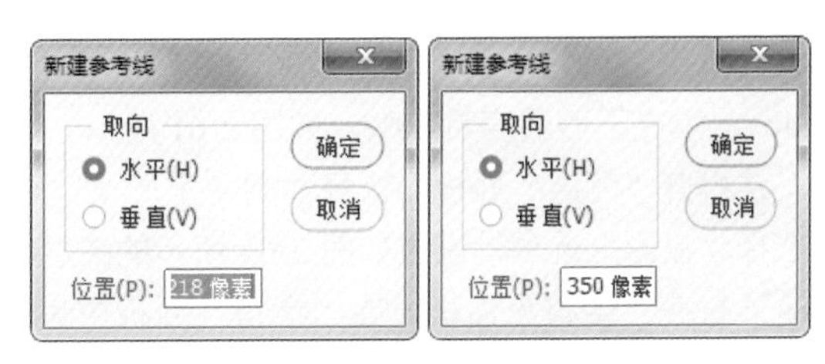

图 2-56 设置参考线的位置

Step 03 单击工具箱中的“圆角矩形工具”按钮，在画布中单击并拖曳鼠标创建一个146×126px 的圆角矩形，在“属性”面板中，设置形状的填充为渐变颜色，渐变颜色的参数和形状的图像效果如图 2-57 所示。

Step 04 单击工具箱中的“矩形工具”按钮，在画布中单击并拖曳鼠标创建一个146×9px 的白色矩形，形状的图像效果如图 2-58 所示。

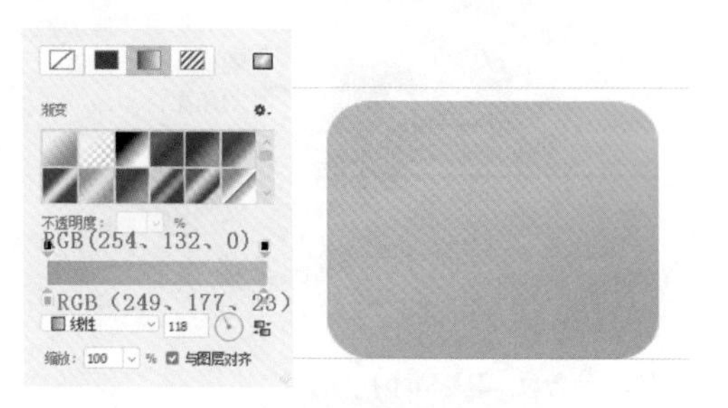

图 2-57　渐变参数和图像效果

图 2-58　创建矩形形状

Step 05 打开“图层”面板，设置形状图层的填充不透明度为 60%，形状的图像效果如图 2-59 所示。单击工具箱中的“圆角矩形工具”按钮，在画布中单击并拖曳鼠标创建一个28×28px 的形状，修改形状图层的填充不透明度为 50%，形状的图像效果如图 2-60 所示。

图 2-59　修改填充不透明度

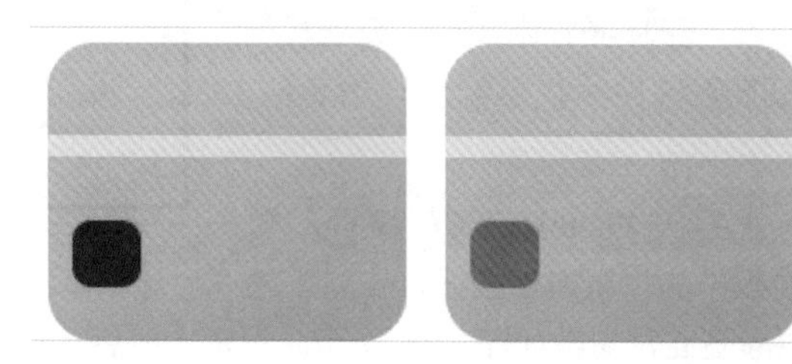

图 2-60　创建圆角矩形

☆ 提示

读者须知：案例中绘制得 28×28px 的圆角矩形，它的填充颜色为 RGB（99，11，11），圆角值为 8px。

Step 06 单击工具箱中的“圆角矩形工具”按钮，创建一个 78×8px 的形状，设置圆角值为 4px，填充不透明度为 50%，如图 2-61 所示。

Step 07 打开“图层”面板，选择“圆角矩形 1”图层，双击图层弹出“图层样式”对话框，选择“投影”选项，设置如图 2-62 所示的图层样式参数。

Step 08 打开“字符”面板，在“字符”面板中设置字体、字号和间距等参数，如图 2-63 所示。

图 2-61 创建形状

图 2-62 设置“投影”图层样式

图 2-63 字符参数

Step 09 单击工具箱中的“横排文字工具”按钮，在画布中输入文字内容，如图 2-64 所示。打开“图层”面板，选中除了“背景”图层外的所有图层，单击面板底部“创建新组”按钮，重新命名为“银行卡”，如图 2-65 所示。

Step 10 单击工具箱中的“圆角矩形工具”按钮，创建一个 110×132px 的形状，形状的圆角值为 10px，设置填充颜色为渐变颜色，具体的渐变颜色如图 2-66 所示。

图 2-64 图像效果

图 2-65 创建图层组

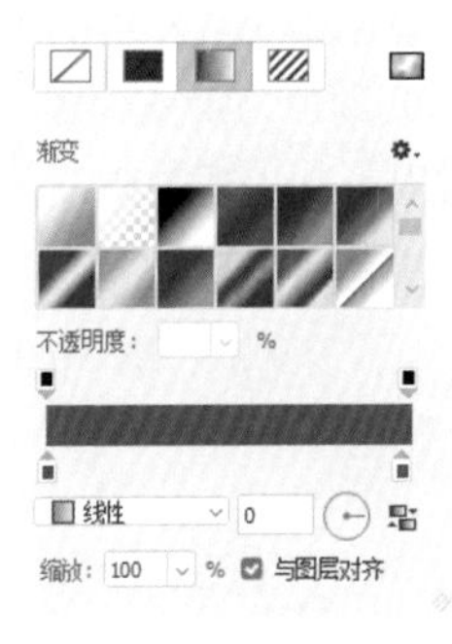

图 2-66 设置填充颜色

Step 11 设置完成后，形状的图像效果如图 2-67 所示。使用“圆角矩形工具”在画布中单击并拖曳鼠标创建一个 82×22px 的白色形状，设置形状的圆角值为 6px，填充不透明度为 55%，形状的图像效果如图 2-68 所示。

Step 12 使用“圆角矩形工具”在画布中单击并拖曳鼠标创建一个 18×18px 的形状，将路径操作改为“合并形状”选项，使用“路径选择工具”按住 Alt 键向任意方向拖曳鼠标连续复制形状，形状的图像效果如图 2-69 所示。

图 2-67 图像效果

图 2-68 创建圆角矩形

图 2-69 复制形状

Step 13 打开“图层”面板，选中“圆角矩形 2”图层，双击图层弹出“图层样式”对话框，选择“投影”选项，设置如图 2-70 所示的图层样式参数。使用相同方法完成文字内容的制作和图层组的创建，如图 2-71 所示。

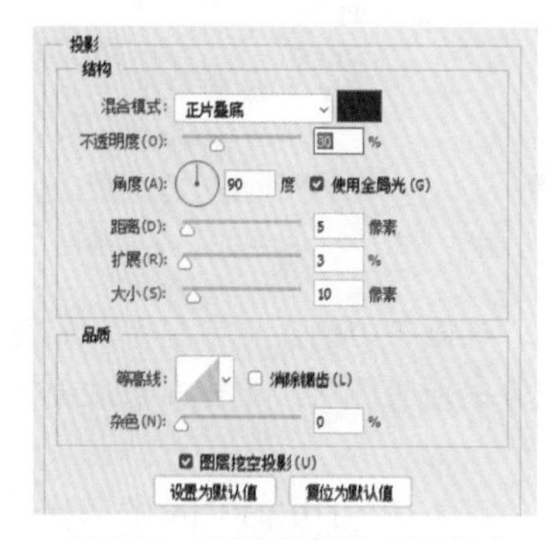

图 2-70　设置“投影”图层样式

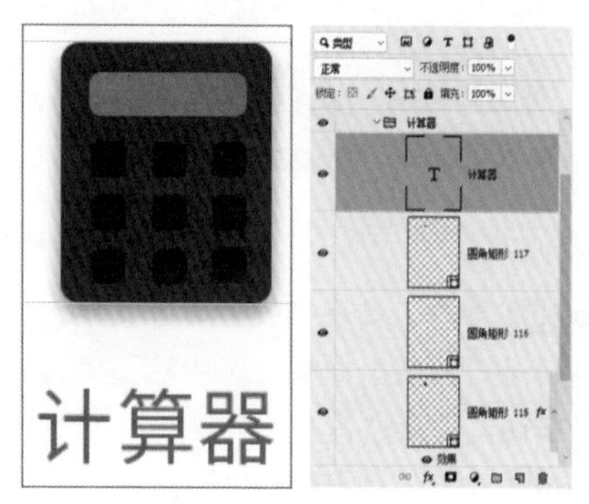

图 2-71　图像效果

Step 14 单击工具箱中的“圆角矩形工具”按钮，创建一个 132×120px 的形状，设置形状的填充颜色为渐变颜色，如图 2-72 所示。使用“移动工具”并按住 Alt 键向任意方向拖曳复制形状，如图 2-73 所示。

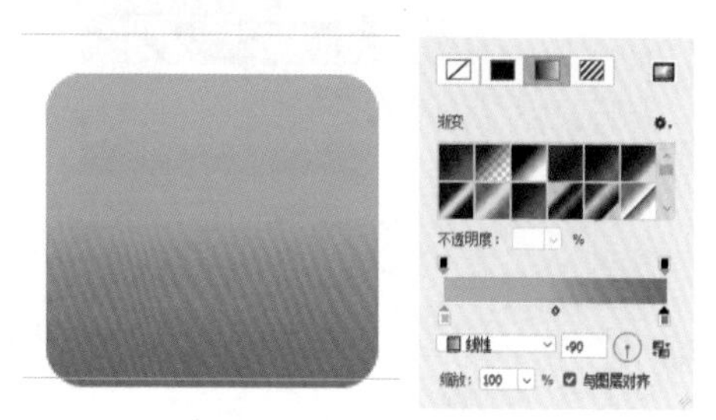

图 2-72　创建形状

图 2-73　复制形状

Step 15 使用组合键 Ctrl+T 调出定界框，右击，弹出下拉列表，选择如图 2-74 所示的选项。如图 2-75 所示，调整图层顺序。单击工具箱中的“圆角矩形工具”按钮，在画布中创建一个圆角矩形，设置如图 2-76 所示的各项参数。

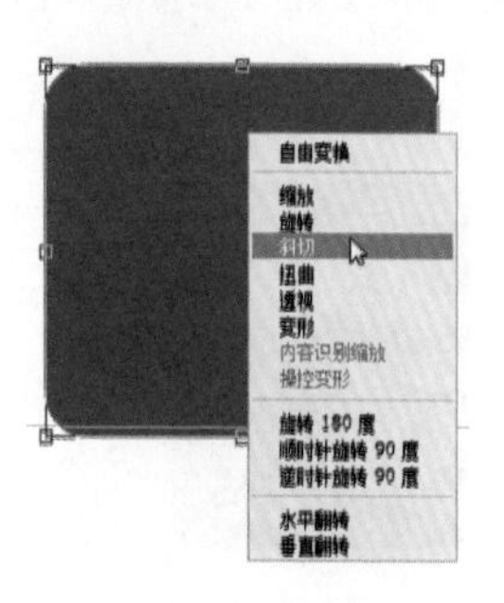

图 2-74　调出定界框

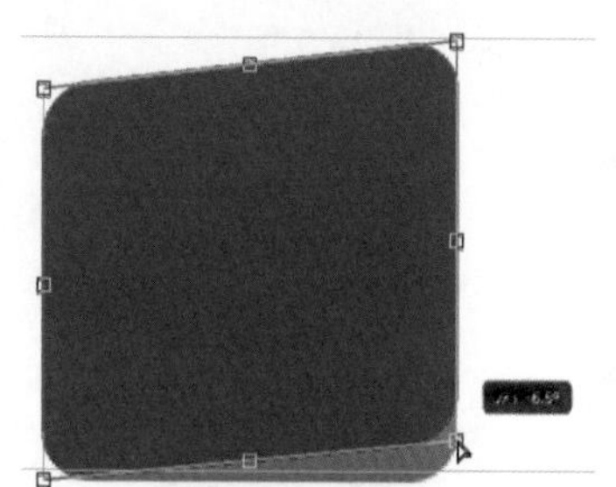

图 2-75　调整角度

图 2-76　属性面板

Step 16 设置完成后，设置形状的填充不透明度为 65%，形状的图像效果如图 2-77 所示。单击工具箱中的“椭圆工具”按钮，在画布中创建一个 20×20px 的形状，如图 2-78 所示。

Step 17 打开“图层”面板，选择“圆角矩形 7 拷贝”图层，双击图层弹出“图层样式”对话框，选择“投影”选项，设置如图 2-79 所示的图层样式参数。

图 2-77　图像效果

图 2-78　创建椭圆

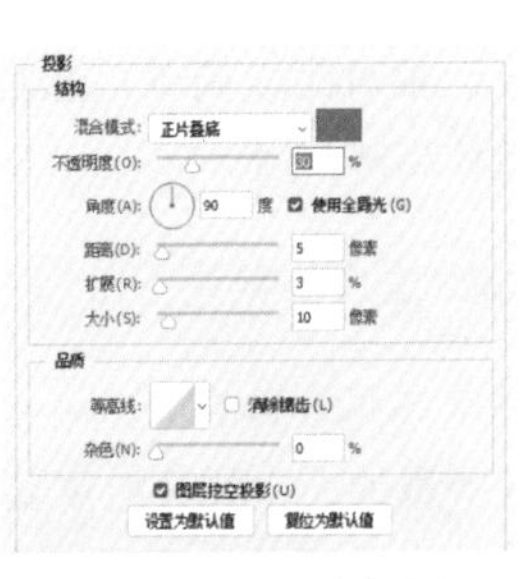

图 2-79　图层样式参数

Step 18 设置完成后，单击“确定”按钮，形状的图像效果如图 2-80 所示。使用相同方法完成文字内容的制作和图层组的创建，如图 2-81 所示。

图 2-80　图像效果

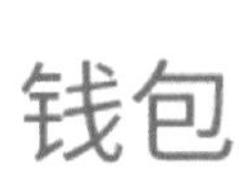

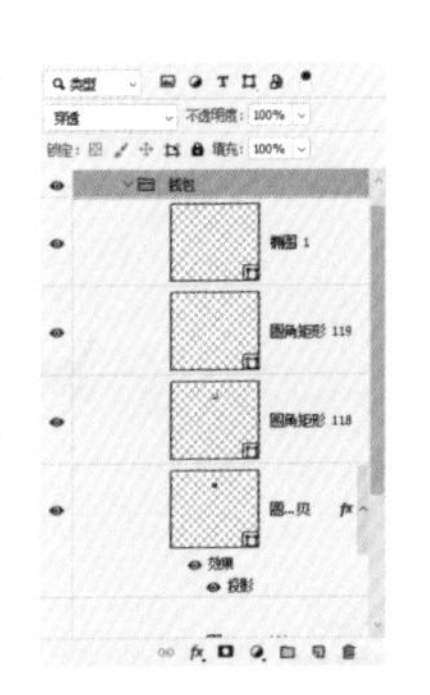

图 2-81　添加文字和创建图层组

Step 19 使用相同方法完成第一排其余两个相似图标的制作，如图 2-82 所示。

图 2-82　一排图标

Step 20 使用相同方法完成第二排相似图标的制作，如图 2-83 所示。执行“视图”→“显示额外内容”命令，图标组的图像效果如图 2-84 所示。

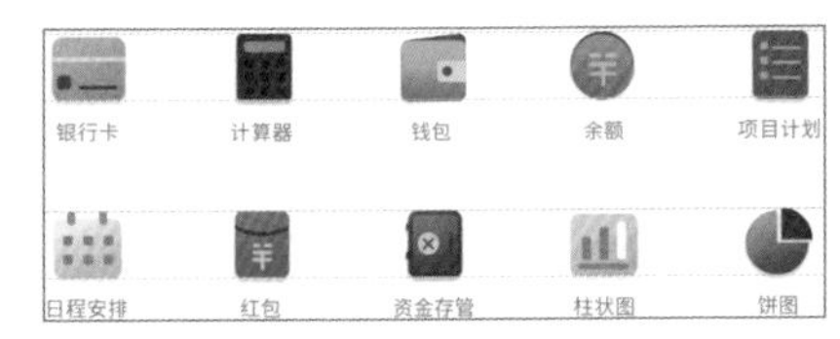

图 2-83　完成第二排图标的制作

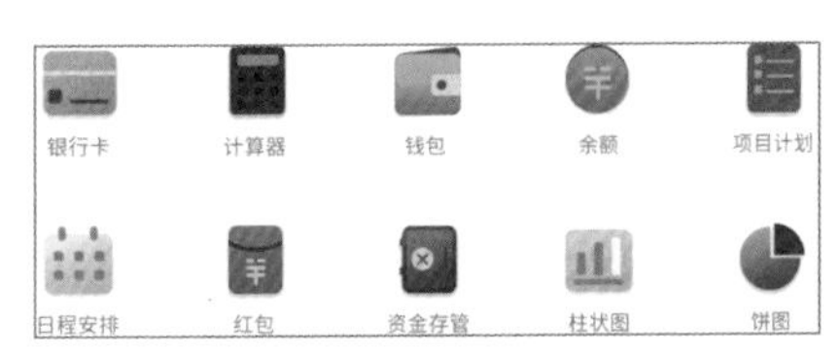

图 2-84　图标组的图像效果

2.5 软件进度条元素设计

进度条是软件界面中常见的控件形式，它用于显示当前任务的处理进度。进度条控件的设计相对比较简单，通常使用简洁的图形进行表现，重点在于为用户提供方便的操作体验和高辨识度。

2.5.1 进度条概述

进度条是软件在处理任务时，以图形方式显示处理任务的进度、完成度或者剩余未完成任务量的大小和可能需要完成的时间。

进度条的目的在于通过向用户反馈当前的响应进度和所花费的时间来让用户在等待过程中放松下来，所以进度条是连接用户和系统间的一座桥梁，如图 2-85 所示。

一般情况下，软件界面中的进度条是以长条矩形的方式显示，进度条的设计方法相对比较简单，重点是色彩的应用和质感的体现，如图 2-86 所示。

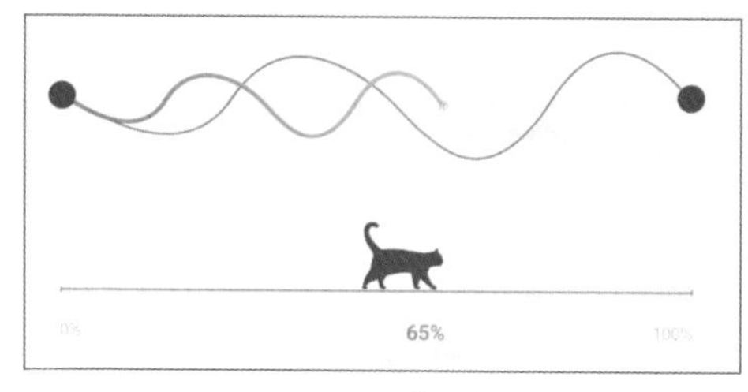

图 2-85　进度条

图 2-86　进度条显示

☆ 提示

进度条可以帮助用户对当前项目的长度和步骤有一个清晰的预期，并且明确自己当前所处位置，进度条外观多以直线状和圆弧状出现。其表现一般都有一定的参照，同时有限定值存在，如果单纯地通过数字或文字表达，则不便于用户理解，所以引入了图形化的元素，也就是大众常见的进度条。

2.5.2 形式和使用场景

软件进度条的形式可以分为两大类：一是确定性进度条，这种进度条将会明确告知用户项目的完成时间，通常以长度或数字显示；二是不确定性进度条，用户在等待反馈的过程中没有时间显示，用户只能一直处于等待中。

1. 确定性进度条

确定性进度条一般用于较长时间的进度显示，明确告知用户进度需要多少时间完成，让用户对当前进度和剩余等待时间有个明确的心理预期，包括倒计时进度条、圆角直线进度条和圆弧进度条，如图 2-87 所示。

图 2-87　确定性进度条

• 倒计时进度条

倒计时进度条一般用于软件的登录注册界面。在软件 UI 设计时，考虑到网络信息的传输，倒计时一般设定为以 60s 开始。选择 60s 这个数值是为了避免时间太短造成用户来不及填写，或避免时间太长给用户带来烦躁感。图 2-88 所示为软件登录界面的倒计时进度条。

图 2-88　倒计时进度条

• 圆角直线进度条

圆角直线进度条在软件 UI 设计中比较常见，具体表现为采用两种不同颜色的圆角矩形重叠放置，如图 2-89 所示。

图 2-89　圆角直线进度条

☆ 提示

圆角直线进度条常常用于音乐软件的播放界面、视频软件的播放界面、等级晋升界面和软件更新界面中，并且进度条通常伴随着数字出现，且数字位于直线的两端，根据数字和图形的位置，用户可以很清楚地了解当前进度的进程。

• 圆弧进度条

如果软件UI设计中使用了圆弧进度条，在圆弧进度条占地面积较大的情况下，软件界面中包含的文字信息就会变少。它的作用一般情况下表现为突出任务进程，所以常常用于健身类App和数据统计类软件，如图2-90所示。

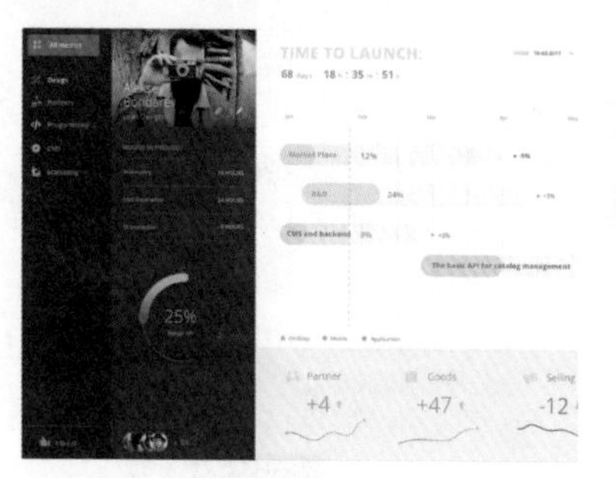

图2-90　圆弧进度条

确定性进度条还包括“物流购买进度”，这类进度条持续时间较长，外观表现为当前阶段其状态为红色，其他已完成的阶段状态为灰色，未完成的阶段则不显示。例如，淘宝的物流显示，如图2-91所示。

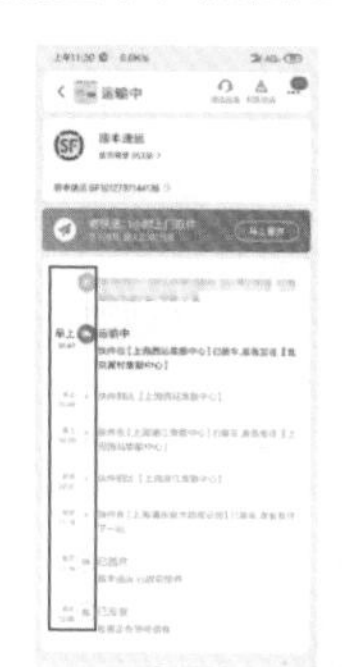
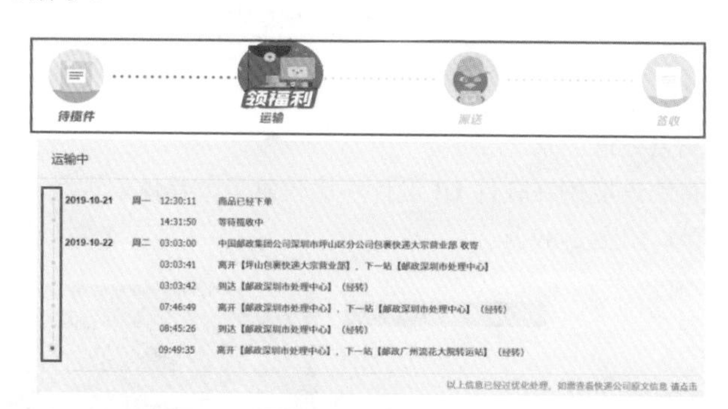

图2-91　物流购买进度

2. 不确定进度条

不确定进度条一般用于短时间的加载显示，即用户在等待反馈的过程中没有时间和数字显示，用户需要进行不确定的等待。

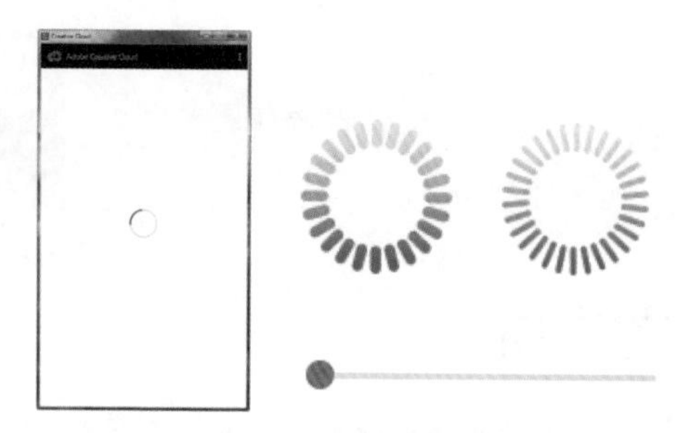

图2-92　不确定进度条

不确定进度条是从服务器加载数据，并且客户端跟服务器间的网络连接情况也不固定，所以充满了不确定性。不确定进度条包括圆环进度条、菊花进度条和矩形进度条，如图2-92所示。

菊花进度条和圆环进度条由于条件限制不经常使用，而矩形进度条则经常被使用在浏览器的搜索界面中。

矩形进度条常用于加载图片、加载视频或是加载浏览器数据等内容，进度条的具体表现为直线两端没有起始点和终点。因为加载进度往往与网络存在巨大联系，此类进度条具有不稳定性，如图 2-93 所示。

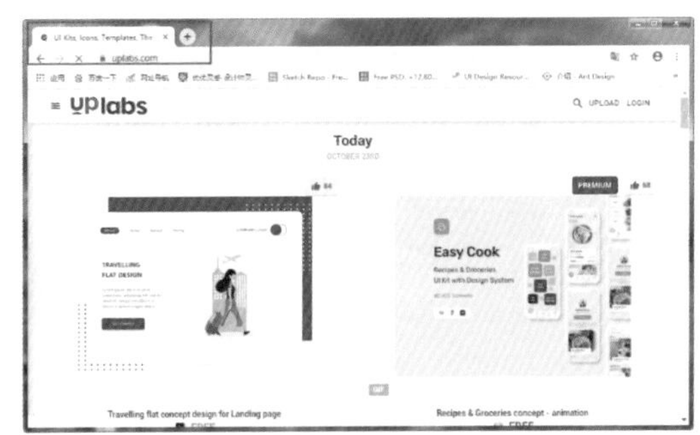

图 2-93　矩形进度条

2.5.3　提升进度条品质的方法

在设计软件 UI 中的进度条时，设计师可以通过反向填充、清晰的反馈和给予用户美好的结束感 3 种方式，提高用户在等待过程中的感受。

• 使用反向的填充

从右到左填充的进度条看起来比从左到右填充的进度条在视觉上更加快速，图 2-94 所示的紫色填充进度条，在加载时，它向左移动会带给浏览者一种整个加载速度更快的感觉。这是因为它创造了一个速率被增加了的假象，能影响人眼对于进度时间的感知。

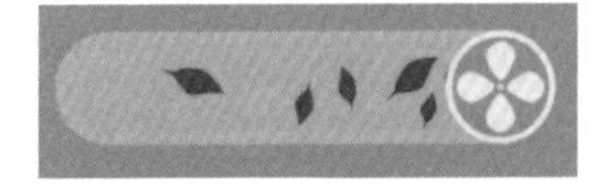

图 2-94　反向填充

• 清晰的反馈

用户在等待进度条显示的过程中，进度条的进度是不断变化的，用户能够清楚明白地看到当前的任务情况，如图 2-95 所示。

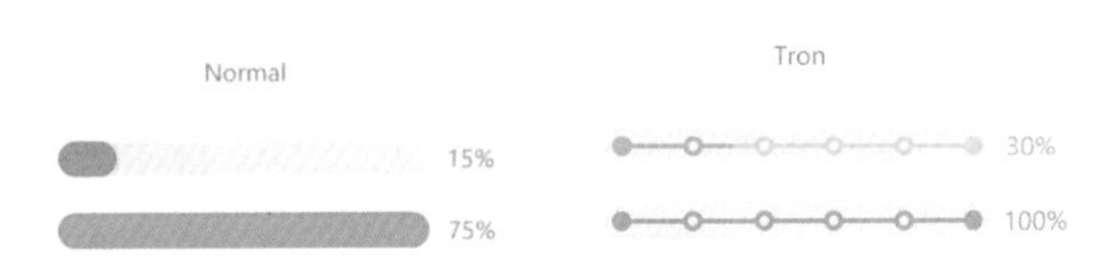

图 2-95　清晰的反馈

• 精美外观显示

精美的进度条包括开始、中间过程和结尾三部分内容。如果设计师能在进度条结尾时添加令人愉悦的成分，这样，虽然进程很慢，但是用户仍然会对整个过程产生愉快的感受。

图 2-96 所示在淘宝游戏中，当用户升级成功后，会出现一些精美的画面，意义是给用户一些奖励。

图 2-96　精美的外观显示

微视频

☆练一练——设计制作卡通样式的进度条☆

源文件：第 2 章 \ 2-5-3.psd　　　　　视频：第 2 章 \ 2-5-3.mp4

• 案例分析

本案例设计制作一款卡通式进度条，此进度条的作用是游戏开始时为浏览者展示的加载进度，浏览者可以根据此进度条来判断加载游戏到了哪个阶段，如图 2-97 所示。

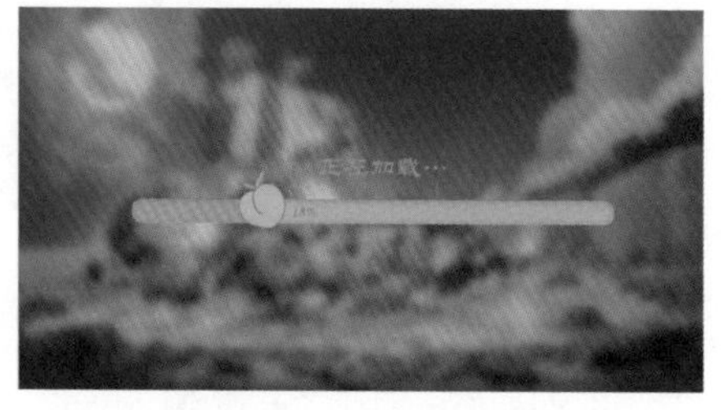

图 2-97　进度条的展示效果

• 制作步骤

Step01 打开 Photoshop CC 软件，单击欢迎面板中的“新建”按钮，在弹出的对话框中设置各项参数，如图 2-98 所示。设置完成后，单击“创建”按钮。

Step02 单击工具箱中的“圆角矩形工具”按钮，设置前景色为 RGB（240，112，148），在画布中单击，弹出“创建圆角矩形”对话框，设置参数如图 2-99 所示。

图 2-98　新建文档

图 2-99　“创建圆角矩形”对话框

Step03 设置完成后，单击“确定”按钮，可以得到如图 2-100 所示的形状。单击工具箱中的“移动工具”按钮，按住 Alt 键向任意方向移动形状进行复制，修改复制所得形状的填充颜色和大小，如图 2-101 所示。

图 2-100　圆角矩形样式

图 2-101　复制圆角矩形

☆ 提示

使用“移动工具”将形状放置在合适位置，设置复制所得形状的填充颜色值为 RGB（252，148，148），形状大小为 1420×92px。

Step04 打开“图层”面板，选中“圆角矩形 1”图层，双击图层并在弹出的“图层样式”对话框中选择“内阴影”选项，设置如图 2-102 所示的参数。设置完成后，单击“确定”按钮。

Step05 在“圆角矩形 1”图层上方右击，在弹出的下拉列表中选择“复制图层样式”选项。选择“圆角矩形 1 拷贝”图层，在图层上方右击，在弹出的下拉列表中选择“粘贴图层样式”选项，如图 2-103 所示。

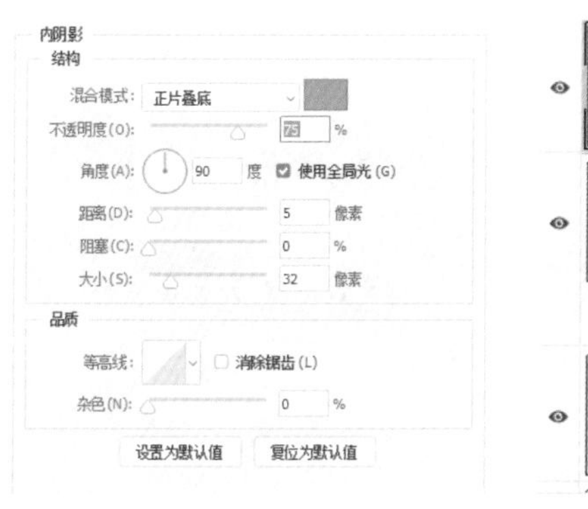

图 2-102　图层样式参数

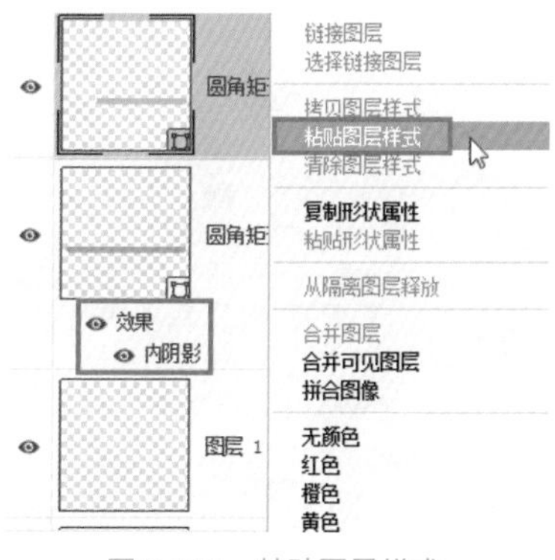

图 2-103　粘贴图层样式

Step06 设置完形状图层的图层样式后，“圆角矩形 1”图层的样式效果如图 2-104 所示。“圆角矩形 1 拷贝”图层的样式效果，如图 2-105 所示。

图 2-104　展示图层样式效果

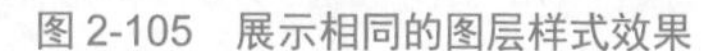

图 2-105　展示相同的图层样式效果

Step07 执行“文件”→“打开”命令，弹出“打开”对话框，在对话框中选中名为 024301.png 的图像，单击“打开”按钮。将其打开后，使用“移动工具”将其拖曳到设计文档中，如图 2-106 所示。

图 2-106　添加素材图像

Step08 单击工具箱中的“横排文字工具”按钮，在画布中单击文字输入点和示范文字，按 Delete 键删除示范文字，并添加如图 2-107 所示的文字内容。

图 2-107　添加文字内容

Step09 在打开的“字符”面板中，可以看到添加的文字内容的具体参数，如图 2-108 所示。单击“图层”面板底部的“创建新图层”按钮，设置如图 2-109 所示的字符参数。

图 2-108　字符参数展示

图 2-109　设置字符参数

Step10 使用“横排文字工具”在画布中单击，添加“正在加载”等文字内容。制作完成的进度条，图像效果如图 2-110 所示。

图 2-110　进度条完成效果

2.6 软件菜单元素设计

菜单是几乎所有的应用软件都需要设计的界面元素，它为应用程序提供了快速执行特定功能和程序逻辑的用户接口。

2.6.1　软件菜单概述

菜单就是将系统可以执行的命令以阶层的方式显示出来的界面。一般来说，菜单置于软件界面的顶部或者左侧，软件操作过程中能使用的所有命令都将置于菜单。菜单命令按照其重要程度可采用从左到右或者从上到下的排列方式，各款软件的菜单组都会有所不同，如图 2-111 所示。

图 2-111　Photoshop CC 软件的菜单

一般情况下，菜单栏是一种树型结构，它的作用是为软件的所有功能提供切入点。行为表现为用户点击以后，当前菜单项显示出相应的下拉列表，如图 2-112 所示。

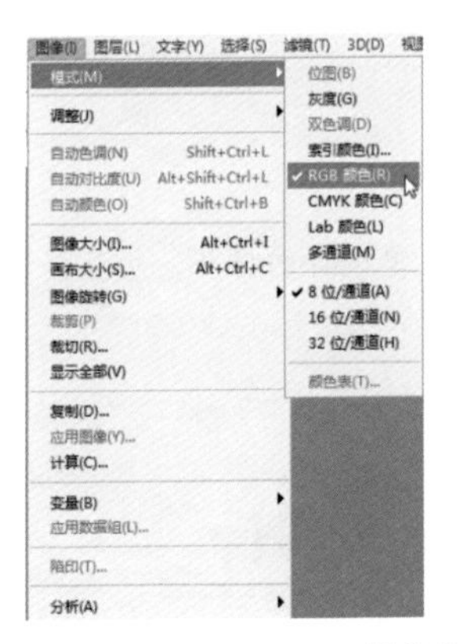

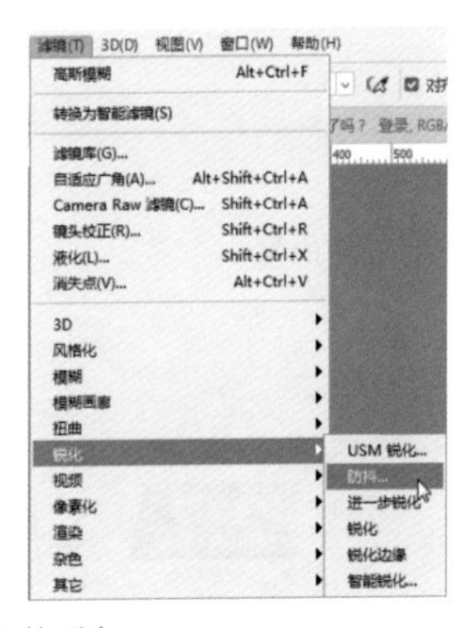

图 2-112　下拉列表

☆ 小技巧：即时菜单

即时菜单又被称为功能表、上下文菜单，它与应用程序准备好的层次菜单不同（系统菜单）。即时菜单与菜单栏不在同一个位置，通过鼠标右键调出的菜单称为“即时菜单”。根据调出位置的不同，菜单内容即时变化，列出所指示的对象可以进行操作。

2.6.2　软件菜单的重要性

菜单在现代的应用软件中有着非常广泛的应用。在应用软件中为了帮助使用者更好地使用软件所提供的功能，开发人员会将软件中所能够提供的功能列一个清单，从而方便用户的选择和执行。

用户根据菜单所显示项目的功能，选择自己所需要的功能，从而完成所需要的任务。这种方法极大地方便了用户，使用户在使用一个新软件时，不用花多少时间和力气去记忆使用规则，就能很快地学会使用新软件。

好的菜单设计有助于用户对应用软件的学习，更快地掌握应用软件的使用方法，并方便地操作应用软件。可以这样说，应用软件的实用性在一定程度上取决于菜单设计的质量和水平，如图 2-113 所示。

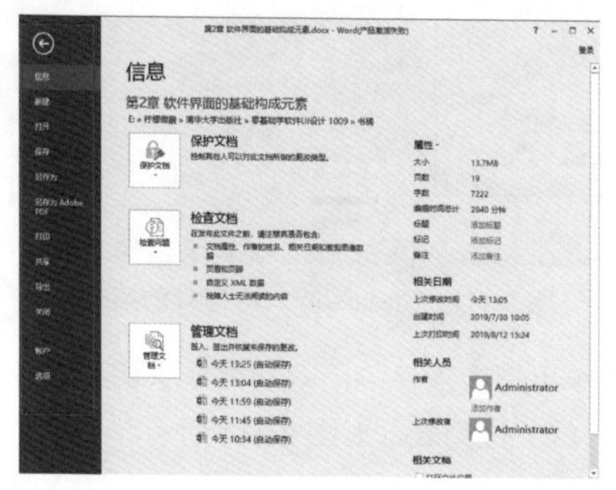

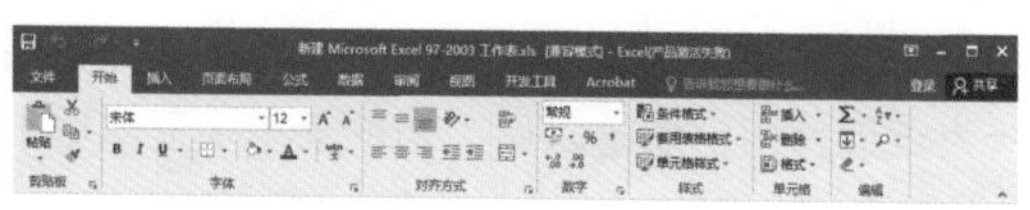

图 2-113　菜单设计

☆ 提示

菜单是应用软件给用户的第一个界面，所以软件菜单设计的好坏，将直接影响用户对应用软件的使用效果。

2.7 工具栏元素设计

应用软件中的工具栏是显示图形按钮的控制条，每个图形按钮称为一个工具项，用于执行软件中的一个功能。通常情况下，出现在工具栏上的按钮所执行的都是一些比较常用的命令，是为了更加方便用户的使用，如图 2-114 所示。

软件工具栏一般应用于程序频繁使用的功能，而专门在软件界面中开辟出一个地方来设置这些常用的操作。这样的设计直观突出，且经常使用这类操作的用户会觉得方便且更有效率。

软件工具栏需要根据软件界面整体的风格来进行设计，只有这样才能够使整个软件界面和谐统一。图 2-115 所示为设计精美的软件工具栏。

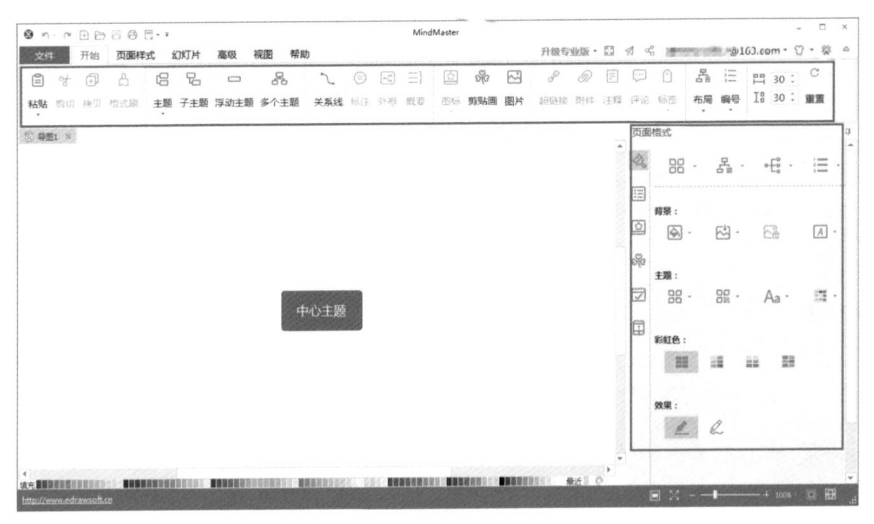

图 2-114　软件工具栏示意

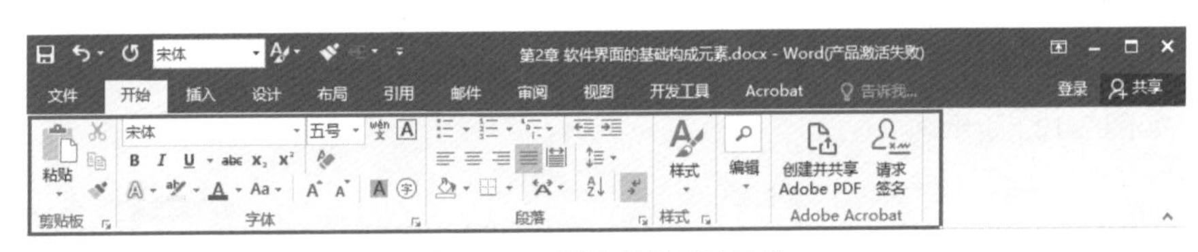

图 2-115　设计精美的工具栏

☆练一练——设计制作思维导图软件的工具栏图标☆

微视频

源文件：第 2 章 \ 2-7-1.psd　　　　　视频：第 2 章 \ 2-7-1.mp4

• 案例分析

本案例设计制作一款思维导图的工具栏图标，工具栏图标具有非常高的一致性，并且制作起来比较简单，但是看起来简洁明了，如图 2-116 所示。

• 制作步骤

Step01 打开 Photoshop CC 软件，单击欢迎面板中的“新建”按钮，在弹出的对话框中设置各项参数如图 2-117 所示。设置完成后，单击“创建”按钮。设置前景色为 RGB（241，241，241），使用“油漆桶工具”为画布填充前景色。

Step02 单击工具箱中的“矩形工具”按钮，在画布中单击并拖曳鼠标创建一个 34×14px 的矩形，矩形的描边为 3px，如图 2-118 所示。

☆ 提示

设置前景色为 RGB（241，241，241），单击工具箱中的“油漆桶工具”按钮，在画布中单击其为填充前景色。

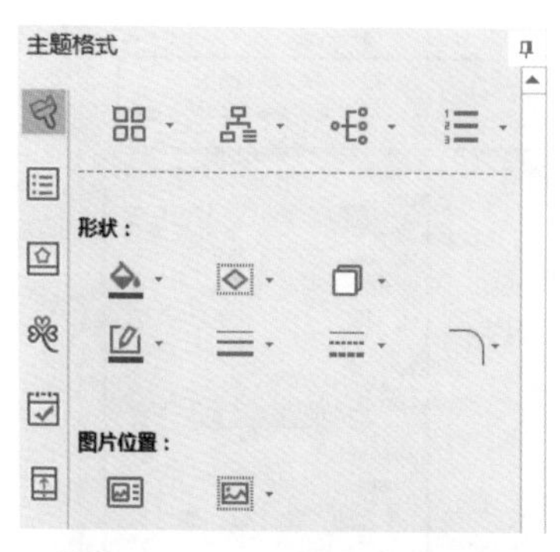

图 2-116　工具栏图标展示效果

图 2-117　新建文档

图 2-118　创建矩形

Step 03 单击工具箱中的“添加锚点工具”按钮，在画布中连续单击添加 3 个锚点，如图 2-119 所示。单击工具箱中的“转换点工具”按钮，逐一单击 3 个锚点，最后选中 3 个锚点中的第二个锚点，如图 2-120 所示。

Step 04 使用方向键向下移动被选中的锚点，移动长度为 5px，如图 2-121 所示。单击工具箱中的“圆角矩形工具”按钮，在画布中创建一个 34×14px 的形状，形状描边为 3px，如图 2-122 所示。

图 2-119　添加锚点　　图 2-120　选中锚点　　图 2-121　移动锚点　　图 2-122　创建圆角矩形

Step 05 设置圆角矩形的 4 个圆角值分别为 0px、0px、11px、11px，如图 2-123 所示。设置“路径操作”为“合并形状”选项，使用“圆角矩形工具”在画布中创建一个形状，形状大小为 12×26px，如图 2-124 所示。

Step 06 同时选中“圆角矩形 1”和“矩形 1”图层，使用组合键 Ctrl+T 调出定界框，旋转鼠标箭头旋转形状，如图 2-125 所示。单击工具箱中的“圆角矩形工具”按钮，创建一个 44×44px 的形状，如图 2-126 所示。

图 2-123　设置圆角值

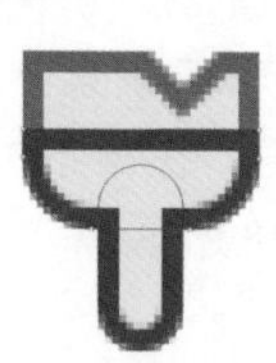

图 2-124　创建圆角形状

图 2-125　旋转形状

图 2-126　创建形状

Step 07 单击工具箱中的“矩形工具”按钮，创建一个 2×6px 的形状，如图 2-127 所示。继续创建一个 6×2px 的形状，如图 2-128 所示。

Step08 使用“矩形工具”在画布中创建一个 18×4px 的矩形，如图 2-129 所示。将 3 个形状图层编组，连续复制两次图层组并将其移动到合适位置，如图 2-130 所示。

图 2-127 创建形状

图 2-128 创建矩形形状

图 2-129 创建矩形

图 2-130 复制图层组

Step09 使用相同方法完成相似工具栏图标的制作，如图 2-131 所示。单击工具栏中的“矩形工具”按钮，在画布中创建一个 60×60px 的形状，填充颜色为 RGB（197，199，209），如图 2-132 所示。

Step10 单击工具箱中的“矩形工具”按钮，在画布中创建一个 2×548px 的形状，如图 2-133 所示。完成绘制后，工具栏图标的图像效果如图 2-134 所示。

图 2-131 完成绘制　图 2-132 创建形状

图 2-133 创建形状

图 2-134 图像效果

2.8 举一反三——设计制作非典型软件菜单

源文件：第 2 章 \ 2-8-1.psd　　视频：第 2 章 \ 2-8-1.mp4

微视频

通过学习本章的各种知识点，读者应该基本掌握了软件 UI 中各种构成元素的设计要求和设计原则。下面读者利用所学知识和经验，使用 Photoshop CC 软件完成非典型软件菜单的制作。

Step01 新建文档，添加背景图像，如图 2-135 所示。

Step02 使用“圆角形状工具”和素材图片制作图像式菜单，如图 2-136 所示。

Step03 使用相同方法，完成其余 4 个图像式菜单，如图 2-137 所示。

Step 04 使用“圆角矩形工具”“横排文字工具”和“自定形状工具”完成软件按钮的制作，如图 2-138 所示。

图 2-135　添加背景图像

图 2-136　制作图像式菜单

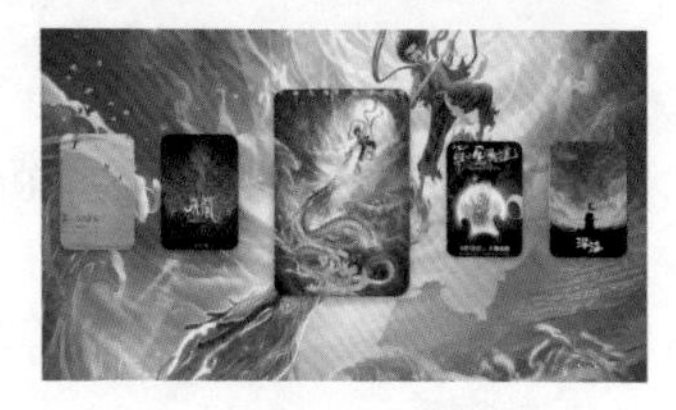
图 2-137　制作其他 4 个图像式菜单

图 2-138　完成软件按钮的制作

2.9 本章小结

软件 UI 由各种基础构成元素组成，想要得到精美的软件 UI，既要做到各种构成元素与软件界面的整体效果和谐统一，又要体现出软件 UI 的别致精巧。本章详细介绍了软件 UI 中构成元素的表现方法，以及各种构成元素的设计方法，读者需要能够理解相关的设计知识并加以练习，希望之后可以设计出各种精美的软件 UI。

第3章 软件安装和启动界面设计

本章主要内容

软件的安装与启动界面是用户使用软件时首先接触到的用户界面，能够带给用户对软件的第一印象，因此软件的安装与启动界面设计在整个软件界面设计系统中发挥着重要的作用。在本章中将向读者介绍有关软件安装与启动界面的设计要点和设计方法，通过本章内容的学习，希望读者能够掌握软件安装与启动界面设计的相关知识。

3.1 了解软件安装界面设计

软件安装界面设计主要是将软件安装的过程进行美化，通过图形化的方式对软件的功能进行介绍，使用户能够更加轻松地安装软件，并且能够在软件安装的过程中了解该款软件的主要功能和应用。

3.1.1 软件安装的流程界面

混乱的软件安装界面和不流畅的软件安装流程会将初次使用该款软件的用户拒之门外，也使得软件的功能得不到充分的定制和发挥。图 3-1 所示为软件安装的流程示意图。

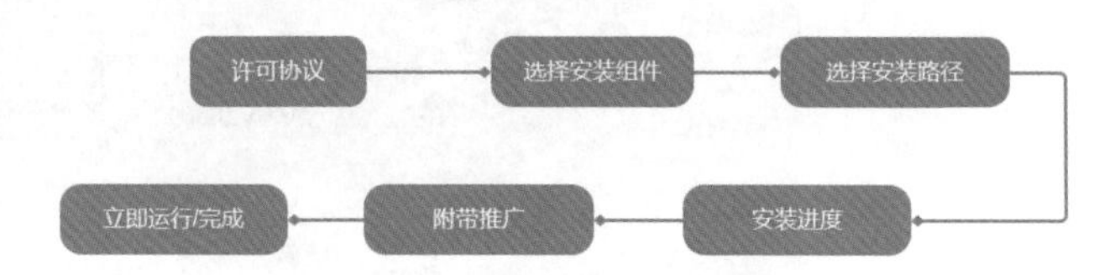

图 3-1 软件安装的流程示意图

软件安装的流程界面大体相似，主要包括“许可协议”“选择安装组件”“软件大小信息”“选择安装路径”“安装进度”“附带推广”“立即运行”“开机启动”“完成”等界面。图 3-2 所示为保卫萝卜软件的“立即安装”“选择安装路径”“安装进度”和“完成”界面。

图 3-2 软件的安装界面

软件的安装界面一般由软件 LOGO、宣传广告和“立即安装”按钮等内容组成，而软件 LOGO 是一款软件的核心思想，它会存在于软件的每一个安装界面。接下来通过制作一款软件的 LOGO，加深用户对软件安装界面的印象。

☆练一练——设计制作云端软件的 LOGO☆

微视频

源文件：第 3 章\3-1-1.psd　　　　视频：第 3 章\3-1-1.mp4

• 案例分析

云端软件 LOGO 采用蓝色作为主色，搭配红色使 LOGO 图像形成了强烈对比，可以加深用户对软件安装界面的印象。

由于云端软件的主要作用为存储和传输文件，因此选用 3 个相连的圆环进行寓意表达，使用户可以通过对软件 LOGO 的理解，加深对软件界面的印象。读者可以使用“椭圆工具”“矩形工具”和“圆角矩形工具”完成软件 LOGO 的制作，软件 LOGO 的展示效果如图 3-3 所示。

• 制作过程

Step01 打开 Photoshop CC 软件，单击欢迎面板中的“新建”按钮，在弹出的对话框中设置各项参数如图 3-4 所示。单击工具箱中的“椭圆工具”按钮，在画布中单击并拖曳鼠标创建一个 220×220px 椭圆形状，效果如图 3-5 所示。

图 3-3　LOGO 展示效果

图 3-4　新建文档

图 3-5　创建形状

☆ 提示

创建的椭圆形状大小为 220×220px，设置正圆形的填充颜色为无，描边颜色为从 RGB（15，108，214）到 RGB（95，181，254）的渐变颜色，描边大小为 55px。

Step02 单击工具箱中的“移动工具”按钮，按住 Alt 键向下拖曳，复制形状，形状效果如图 3-6 所示。

Step03 使用“椭圆工具”在画布中单击并拖曳鼠标创建正圆形，在选项栏中的“路径操作”为“减去顶层形状”，再次使用“椭圆工具”在画布中单击并拖曳鼠标创建圆环，如图 3-7 所示。

☆ 提示

创建的“椭圆 2”图层，设置其填充颜色为 RGB（255，0，0）。用户想要复制图层并不改变图层的位置，可以执行“图层”→“复制图层”命令，或者打开“图层”面板，选择“椭圆 1 拷贝”图层，向下拖曳图层到“创建新图层”按钮上方。

Step04 单击工具箱中的“矩形工具”按钮，在选项栏中修改“路径操作”为“减去顶层形状”，在画布中单击并拖曳鼠标创建矩形形状，如图 3-8 所示。

Step05 执行“编辑”→“自由变换路径”命令，调整形状的角度，如图 3-9 所示。按 Enter 键，确认变换操作。

图 3-6　复制形状

图 3-7　创建圆环

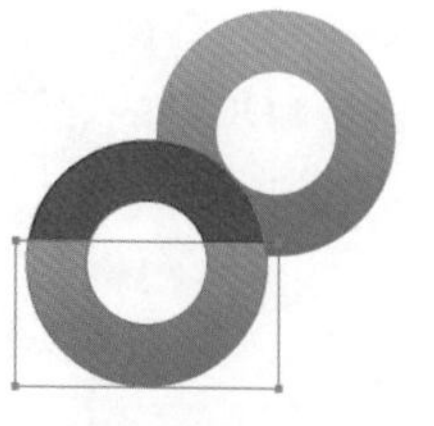
图 3-8　创建矩形形状

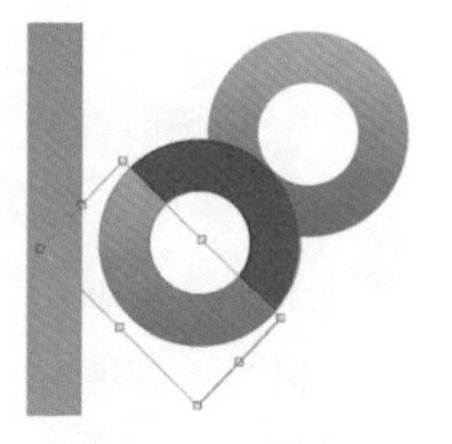
图 3-9　调整形状角度

☆ 小技巧：确认变换操作的方法

读者对形状或者图像进行变换角度的操作后，可以单击选项栏中的“提交变换”按钮或者按 Enter 键确认变换。单击完“提交变换”按钮或者 Enter 键时，系统会弹出如右图所示的提示框，用户需要继续单击“是”按钮，才能最终确认操作。

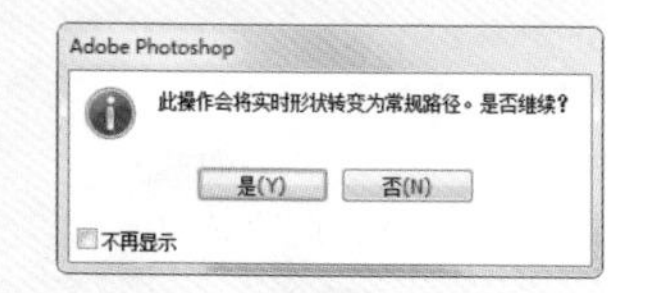

Step06 保持选项栏中的“路径操作”为“减去顶层形状”，单击工具箱中的“椭圆工具”按钮，在画布中单击并拖曳鼠标创建正圆形，如图 3-10 所示。

Step07 单击工具箱中的“路径选择工具”按钮，按住 Alt 键向右拖曳鼠标，复制形状，如图 3-11 所示。

Step08 使用 Step02 ～ Step05 完成相似形状的绘制，如图 3-12 所示。单击工具箱中的“圆角矩形工具”按钮，在画布中单击并拖曳鼠标创建圆角矩形，如图 3-13 所示。

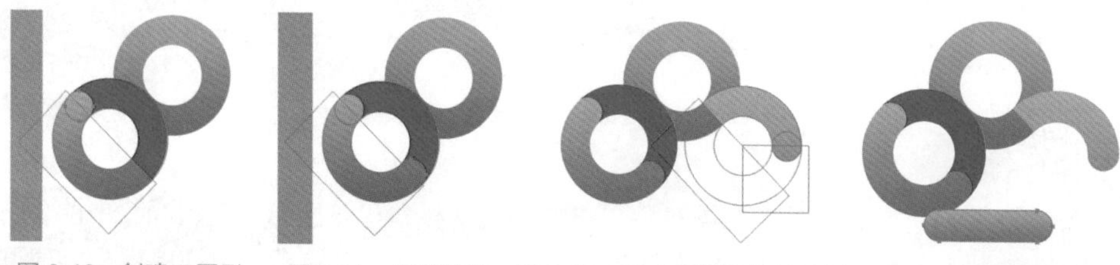
图 3-10　创建正圆形　图 3-11　复制形状　图 3-12　完成相似形状的绘制　图 3-13　创建圆角矩形

Step09 使用组合键 Ctrl+T 调整出定界框，调整圆角矩形的角度，如图 3-14 所示。单击工具箱中的“椭圆工具”按钮，在画布中单击并拖曳鼠标创建正圆形，如图 3-15 所示。

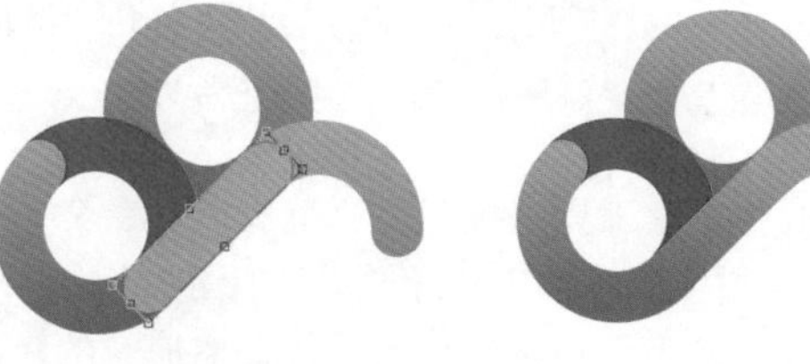
图 3-14　调整形状角度　图 3-15　创建正圆形

Step 10 执行“文件”→“存储”命令，弹出“另存为”对话框，设置如图 3-16 所示的文件名，设置完成后，单击“确定”按钮。

Step 11 执行“文件”→“导出”→“快速导出为 png”命令，在弹出的“另存为”对话框中为文件命名，如图 3-17 所示。

图 3-16 存储文件

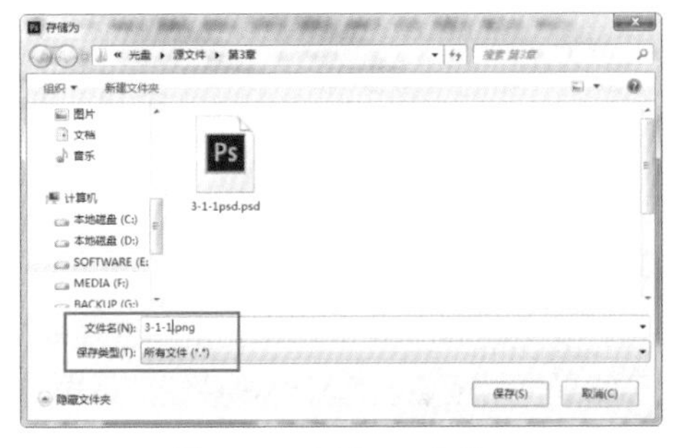

图 3-17 存储 png 文件

3.1.2 设计表现与用户体验

设计师在对软件的安装界面进行设计的过程中，可以通过以下几个细节的设计表现提升软件安装界面的用户体验。

1. 全局导航

在软件安装界面中可以设计一个安装过程的全局进度导航，这样便于用户直观地了解目前软件的安装进度，大概还需要几步完成软件的安装。图 3-18 所示为软件安装界面的全局导航。

图 3-18 软件界面中的全局导航

2. 组件选择

在软件安装过程中可能需要用户选择同时需要安装的组件，对于初次使用该软件的用户来说，用户对于软件还并不熟悉，如果在安装界面中列出一系列组件让用户进行选择，无疑增加了用户的难度。

可以在软件安装过程中提供“推荐”“简洁”等配置方案，从而降低用户的选择难度。图 3-19 所示为软件安装过程中出现的注册组件的流程。

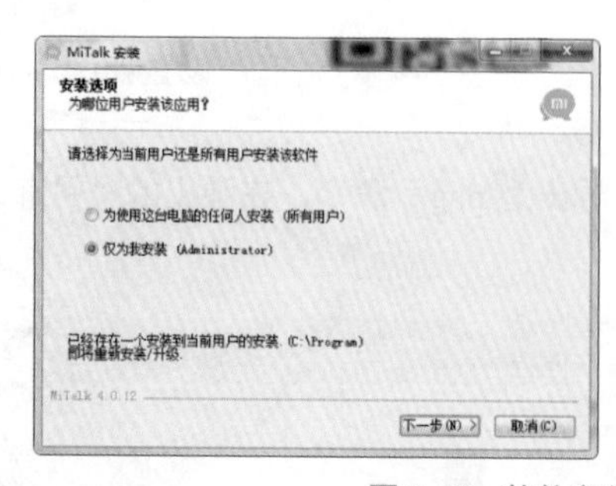

图 3-19　软件安装过程中的流程界面

3. 选择安装路径

在软件安装过程中通常都需要用户选择软件的安装路径，在软件界面的设计过程中可以尽可能提供路径输入框和浏览按钮两种选择安装路径的方式。

对已经存在的软件版本自动检测软件安装路径位置，从而避免老用户手动查找或重复安装，如图 3-20 所示。

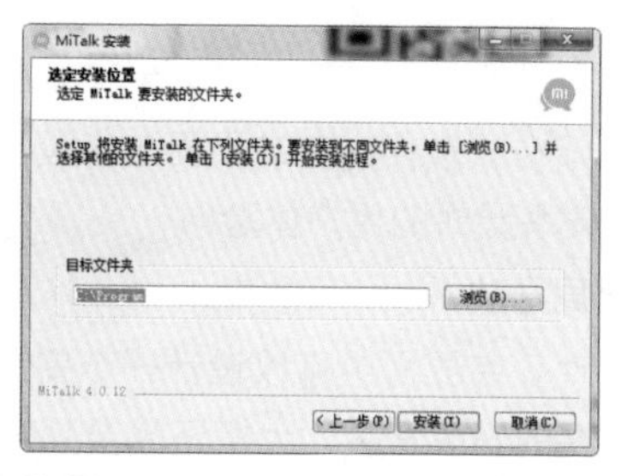

图 3-20　选择安装路径

4. 附带推广

许多软件会附带推广安装其他的软件，对于这些附带推广软件或显示新特性等功能都需要提供复选框，让用户自行决定是否安装附带推广软件。

对于软件是否立即运行、开机启动等功能，也需要提供复选框，让用户自行决定，给用户最大的自主选择权。图 3-21 所示为附带推广的安装界面。

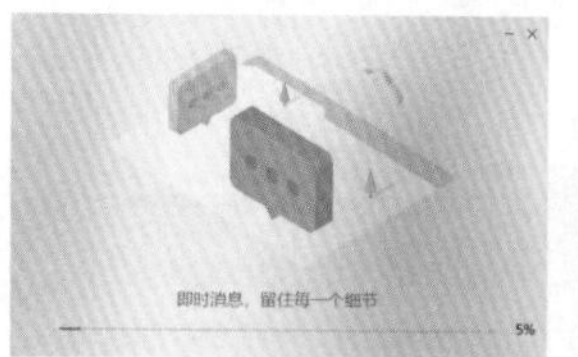

图 3-21　安装过程中出现的广告

5. 安装成功后的处理

在软件安装完成界面中有相关安装完成提示的情况下，关系到用户下一步操作的信息就是关键信息，这样的关键信息应该置于按钮层面上，和其他信息区分开来，这样既能够减少用户移动鼠标箭头的操作成本，也可以减少误打开软件的概率。图 3-22 所示为成功安装后的处理界面。

在软件安装成功界面中，可以设计“立即体验”按钮、“最小化”按钮和“关闭”按钮，如图 3-23 所示。

同时设计师也可以将“立即运行”按钮使用颜色鲜亮的色彩进行突出显示，便于用户优先看到和使用。而简易的安装过程，安装界面则显示“完成”按钮。图 3-24 所示为“完成”安装的软件界面。

图 3-22 完成安装的界面显示

图 3-23 “立即体验”按钮

图 3-24 “完成”按钮

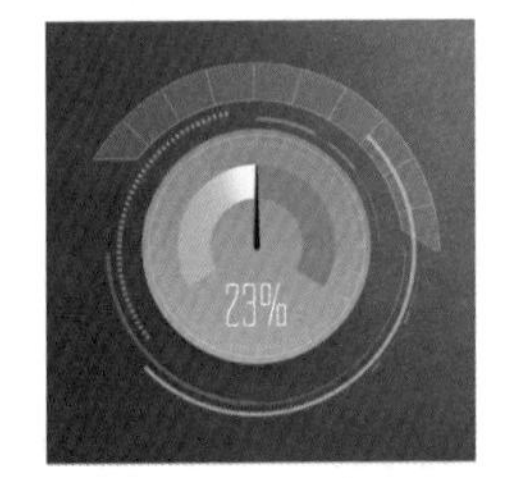

图 3-25 简洁的安装界面

软件安装界面的设计除了注意以上细节的体现外，还需要根据软件自身的特点和情况进行具体的分析，对于一些需要快速安装的小软件来说，软件安装的流程可以更加简化，从而满足用户的便捷操作。图 3-25 所示为简洁的安装界面。

☆ 小技巧：软件安装界面的首要作用

软件的安装界面通常以多个图像的形式出现，3～8 个图像构成了一款软件的安装过程，这些安装界面不仅可以帮助用户在软件安装时了解软件的基本信息、功能或使用技巧，还可以让用户在软件安装时不感到无聊从而放弃软件，同时又能让用户对软件有一个初步的了解，让用户首次使用软件时不至于手忙脚乱。

☆练一练——设计制作通信软件的安装界面☆

源文件：第 3 章 \ 3-1-2.psd　　　　视频：第 3 章 \ 3-1-2.mp4

微视频

• 案例分析

本案例设计制作通信软件的安装界面，软件的安装界面由 LOGO 和“立即安装”按钮组成。设计安装界面时，为了保持软件界面风格的统一，安装界面中LOGO的底衬图像与软件界面中的底衬图像相一致。同时“立即安装”按钮的颜色与软件的主题色相一致，如图3-26所示。

• 制作过程

Step01 打开Photoshop CC软件，单击欢迎面板中的“新建”按钮，在弹出的对话框中设置参数，如图3-27所示。

图3-26　软件安装界面的图像效果

图3-27　新建文件

Step02 单击工具箱中的“矩形工具”按钮，在画布中单击并拖曳鼠标创建一个560×242px的矩形，如图3-28所示。

Step03 单击工具箱中的“多边形工具”按钮，在画布中单击并拖曳鼠标创建一个三角形，如图3-29所示。单击工具箱中的“直接选择工具”按钮，选中三角形的锚点逐个进行调整，调整完成后图像效果如图3-30所示。

图3-28　创建矩形

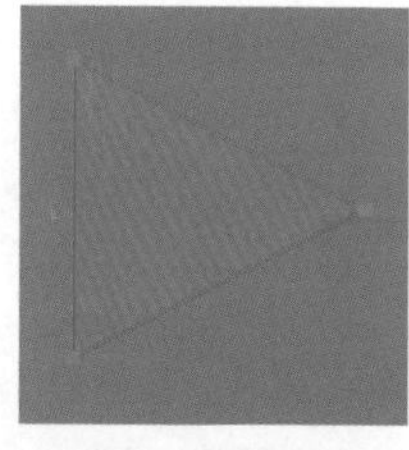

图3-29　创建三角形

图3-30　调整锚点

Step04 使用相同方法完成相似形状的绘制，形状效果如图3-31所示。打开“图层”面板，同时选择“多边形1”“多边形2”“多边形3”和“形状1”图层，右击，在弹出的快捷菜单中选择“创建剪贴蒙版”选项，如图3-32所示。

Step05 单击工具箱中的“圆角矩形工具”按钮，在画布中单击并拖曳鼠标创建一个50×50px的圆角矩形形状，如图3-33所示。单击工具箱中的“钢笔工具”按钮，在选项栏中修改“路径操作”为“合并形状”，在画布中连续单击鼠标创建一个三角形，如图3-34所示。

Step06 在选项栏中修改“路径操作”为“减去顶层形状”，使用“矩形工具”在画布中单击并拖曳鼠标创建一个矩形形状，如图3-35所示。

图 3-31　创建多个形状

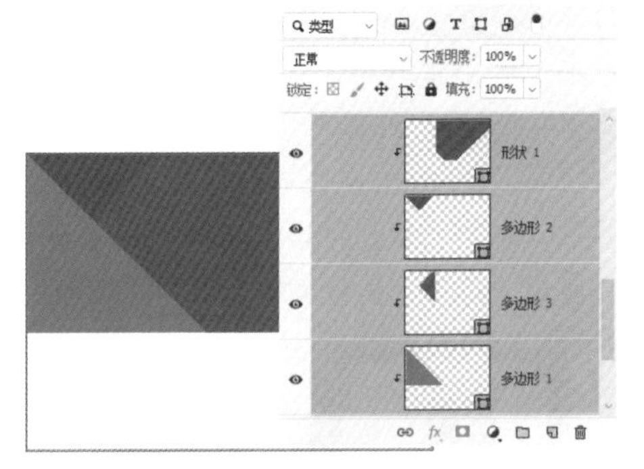

图 3-32　创建剪贴蒙版

图 3-33　创建圆角矩形

图 3-34　创建三角形

图 3-35　创建矩形

☆ 小技巧：“钢笔工具”的使用

读者在使用“钢笔工具”时，使用鼠标箭头在画布中单击创建锚点，拖曳鼠标箭头到任意方向，可调出此锚点的两条方向线，控制两条方向线，可使链接的几个锚点变为任意形状。

☆ 小技巧：“路径操作”的使用

用户完成案例 Step05 的绘制时，当前形状的效果为图①，用户在执行 Step06 前，使用“移动工具”选择其他图层，然后再次选择需要完成绘制的图层，当形状的效果为图②时，用户就可以开始执行案例 Step06 的操作。

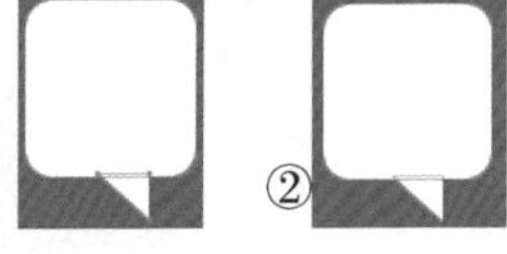

Step 07 单击工具箱中的“路径选择工具”按钮，按住 Alt 键的同时向左拖曳，复制形状如图 3-36 所示。使用组合键 Ctrl+T 调出定界框，调整矩形的角度，效果如图 3-37 所示。

Step 08 按Enter键确认操作，按住Alt键的同时向右拖曳，复制形状，使用组合键Ctrl+T调出定界框，在复制得到的形状上方右击，弹出快捷菜单选择“水平翻转”选项，如图3-38所示。

Step 09 按Enter键确认操作，使用“路径选择工具”选中两个形状，按住Alt键向下拖曳，复制形状，使用组合键Ctrl+T调出定界框，在复制得到的形状上方右击，弹出快捷菜单，选择“垂直翻转”选项，如图3-39所示。

图3-36　复制形状

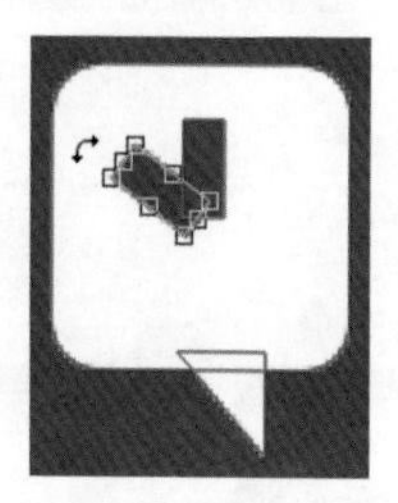

图3-37　旋转形状

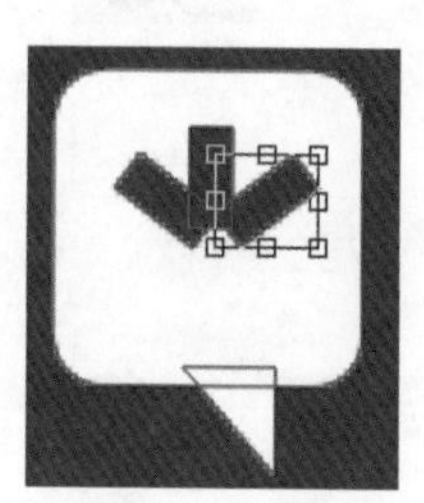

图3-38　复制形状

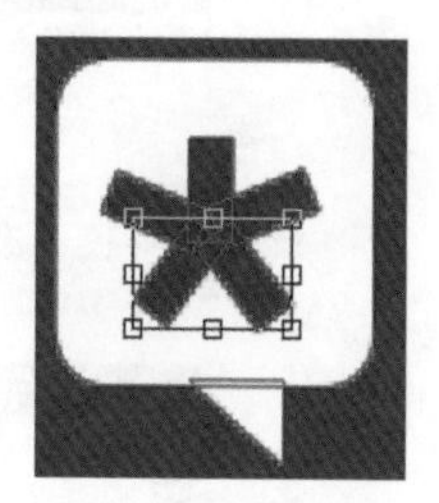

图3-39　复制形状

Step 10 完成后按Enter键确认操作，使用“路径选择工具”和“直接选择工具”适当调整形状，如图3-40所示。打开“字符”面板，设置字符参数，如图3-41所示。

Step 11 单击工具箱中的“横排文字工具”按钮，在画布中单击并添加横排文字，如图3-42所示。单击工具箱中的“矩形工具”按钮，在画布中单击并拖曳鼠标创建一个184×40px的矩形形状，矩形的填充颜色为RGB（0，164，255），如图3-43所示。

图3-40　图像效果

图3-41　字符参数

图3-42　添加文字

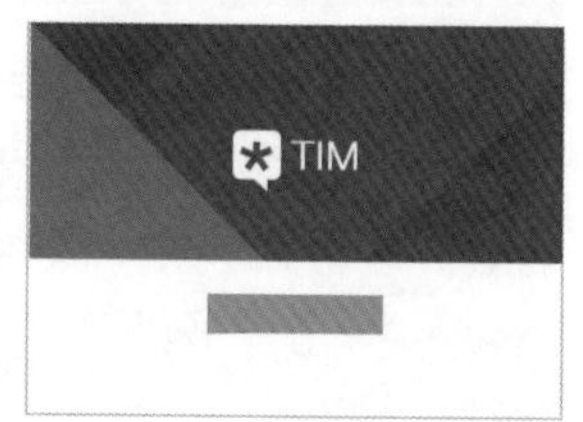

图3-43　创建矩形

Step 12 打开“字符”面板，设置字符参数如图3-44所示。单击工具箱中的“横排文字工具”按钮，在画布中单击并添加横排文字工具，如图3-45所示。

Step 13 使用Step11和Step12完成底部选项框和文字内容的制作，如图3-46所示。使用Step05～Step08完成“最小化”和“关闭”按钮的制作，图像效果如图3-47所示。

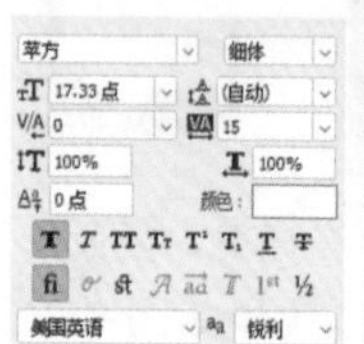

图3-44　字符参数

图3-45　添加文字内容

图3-46　完成相似模块

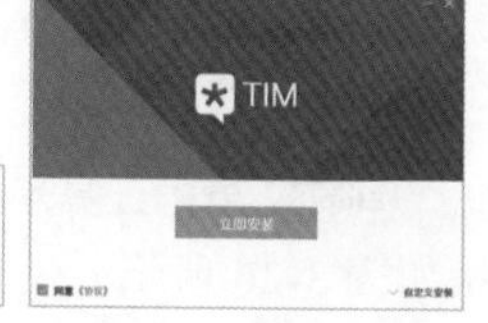

图3-47　界面的整体效果

3.2 关于软件启动界面

当我们打开一个较大的软件程序时，经常等待应用程序启动，在这个过程中，软件启动界面会呈现在我们眼前。设计出色的软件启动界面能够让用户眼前一亮，而设计一般的软件启动界面则会让用户感觉到困惑，甚至让用户感觉到厌倦。

所谓启动界面就是用户打开软件时出现在用户面前的第一个界面。由于软件程序的启动需要一些时间，有时这个时间会比较长，例如图 3-48 所示的大型制图软件的启动。有时展示时间则比较短。如图 3-49 所示为 App 软件的启动界面。

图 3-48 制图软件的启动界面

图 3-49 App 软件的启动界面

软件程序的启动需要时间，用户不知道软件在做什么，可能会怀疑软件反应迟钝、效率低下。长时间的等待会导致用户有厌烦情绪，直接影响对软件的好感。

为了解决这些用户体验问题，可以使用一个画面来代替后台正在启动的软件程序，换来人们对软件的好感。为了做到这一点，在软件界面设计中越来越重视软件启动界面的设计，软件启动界面的设计越来越细腻，表现形式也越来越多样。图 3-50 所示为 Adobe 系列软件的启动界面。

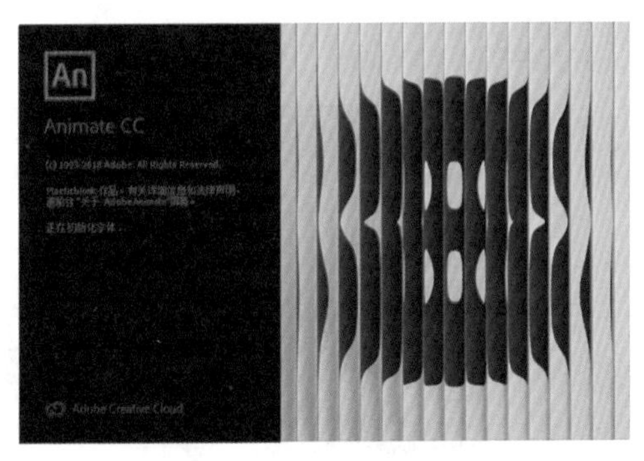

图 3-50 Adobe 系列软件的启动界面

3.3 软件启动界面的作用

软件启动界面在软件系统中的作用主要表现在3个方面，分别是显示软件信息、载入所需文件和加深品牌效应。

3.3.1 显示软件信息

在软件启动界面中显示软件的代表性标志、版权信息、注册用户、软件版本号等信息。通过向用户提供对软件的启动过程的实时感知，避免等待过程中较差的用户体验。

对于比较大的软件，如果没有启动等待页面，用户在单击快捷方式后需要等待5～10s才会看到软件主界面，很容易以为没有打开成功再去多次单击快捷方式。图3-51所示为显示软件信息的启动界面。

图3-51　显示软件信息

3.3.2 载入所需文件

在软件启动界面时显示运行软件所需要的文件，可以避免用户在一种茫然状态下等待，这样可以让用户在等待软件启动的过程中欣赏到一个美丽的画面，同时也可以看到载入文件的过程，缓解心理的焦躁。

在软件启动界面的设计上追求简洁、清晰明了的视觉效果，可以通过使用表现该软件的相关图形素材作为启动界面的主题，从而暗示软件的基本功能。图3-52所示为载入所需文件的启动界面。

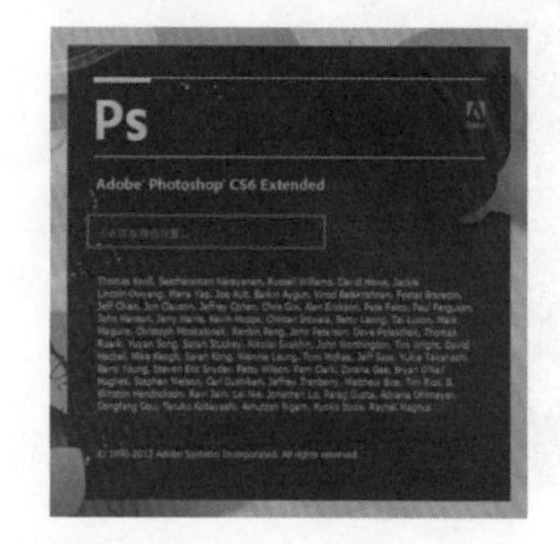

图3-52　启动界面所需信息

☆ 提示

从软件开发角度出发，设计师可以在软件展示启动界面的这 5 ～ 10s 过程中，进行一系列的内部检测与环境部署。

3.3.3 加深品牌效应

一般情况下，计算机端的软件启动界面由软件的 LOGO、部分信息和所需文件组成。图 3-53 所示为计算机端软件启动界面的线框图；移动端的启动界面则是由 LOGO 配合文字或者 LOGO 配合广告组成。图 3-54 所示为移动端 App 启动界面的线框图。

图 3-53 计算机端启动界面的线框图

图 3-54 App 启动界面的线框图

软件信息和载入所需文件可以让用户更加了解软件，而在启动界面中添加软件 LOGO，则是为了加深用户对于该品牌的品牌印象，最终扩宽使用和销售渠道。图 3-55 所示为 App 启动界面。

App 的启动界面中，不管是以宣传其他产品的广告为主，还是以自身宣传为主，都有一个共同点，那就是 App 的 LOGO 一定会在，作用就是为了在用户心理加深品牌印象。

图 3-55 App 启动界面

3.4 软件启动界面的设计原则

软件启动界面是应用软件与用户进行亲密接触的第一步，在设计软件启动界面时应该遵循一定的原则。

3.4.1 以人为本

软件应该首先考虑使用者的利益，软件是为使用者服务的，软件启动时给用户的印象很重要，用户是软件界面设计中最需要重视的一个环节。

以人为本是软件界面设计中最重要的一条原则，要做到以人为本就要从使用者的角度去考虑如何设计软件的启动界面。图 3-56 展示的是采用了以人为本的原则而设计的启动界面。

图 3-56 以人为本的原则

3.4.2 简单清楚

设计软件的启动界面时，要求遵循简单和一目了然的设计原则。软件启动界面不能设计得过于花哨，要使用户能够清楚明白地观察到软件界面中的各种内容。软件启动界面中的内容可以少一些，这样可以减少用户的记忆负担。图 3-57 所示为简单清楚的启动界面。

图 3-57 简单清楚的原则

3.4.3 美观大方

软件启动界面给用户的第一印象很重要，从美学的角度讲，美观大方的设计更可取。

在软件启动界面设计中，一个普遍易犯的错误是力图设计完美的启动界面，例如使用很炫的 3D 动画作为软件启动界面，非常美观，视觉冲击力也很强，但是启动速度可能会比较慢，而且会影响软件相关信息的展现。图 3-58 所示为美观大方的软件启动界面。

3.4.4 以用户为中心

用户的心理是在设计软件启动界面时需要重视的一个环节，要尊重用户，应该使用户感觉自己在控制软件，应该使用户感觉自己在启动的软件中扮演着主动角色，提供给用户自定义启动界面的权利，对界面的颜色、字体等界面要素用户可以作个性化的设置，可以提供不同的启动界面模式供用户选择。图 3-59 所示为以用户为中心的软件启动界面。

图 3-58 美观大方的原则

图 3-59 以用户为中心的原则

☆练一练——设计制作制图软件的启动界面☆

源文件：第 3 章 \ 3-4-4.psd　　　　视频：第 3 章 \ 3-4-4.mp4

微视频

• 案例分析

本案例设计制作制图软件的启动界面，启动界面包含了软件 LOGO、软件名称、软件信息、所需文件、研发人员名单、相关云端的 LOGO 和素材图像等内容。此款启动界面遵循了软件启动界面的设计原则，拥有美观大方的外观，同时界面设计简单清楚、以人为本。

此款启动界面在遵循了设计原则的基础上，让每个使用制图软件的用户，丰富而又充实地体验了软件启动界面的作用，如图 3-60 所示。

图 3-60 图像效果

• 制作过程

Step 01 打开 Photoshop CC 软件，单击欢迎面板中的“新建”按钮，在弹出的对话框中设置参数如图 3-61 所示。单击工具箱中的“矩形工具”按钮，在画布中单击并拖曳鼠标创建一个 330×500px 的矩形形状，如图 3-62 所示。

Step 02 使用“矩形工具”在画布中单击并拖曳鼠标创建一个 62×58px 的矩形形状，设置形状的填充颜色为无，描边大小为 3px，“属性”面板中的各项参数如图 3-63 所示。完成参数设置后，矩形框的图像效果如图 3-64 所示。

图 3-61 新建文档

图 3-62 创建文档

图 3-63 各项参数

Step03 打开“字符”面板，设置字符参数如图 3-65 所示。单击工具箱中的“横排文字工具”按钮，在画布中单击并添加横排文字，如图 3-66 所示。

图 3-64 图像效果

图 3-65 字符参数

图 3-66 添加文字内容

Step04 打开“图层”面板，单击图层面板底部的“创建新图层”按钮，新建图层。打开“字符”面板，设置字符参数如图 3-67 所示。单击工具箱中的“横排文字工具”按钮，在画布中单击并添加横排文字，如图 3-68 所示。

Step05 新建图层，打开“字符”面板，设置字符参数如图 3-69 所示。使用“横排文字工具”在画布中单击并添加横排文字，如图 3-70 所示。

Step06 使用 Step04 和 Step05 完成启动界面中其他文字内容的制作，图像效果如图 3-71 所示。执行“文件”→“打开”命令，打开两张素材图像，使用“移动工具”将其逐一拖曳到设计文档中，如图 3-72 所示。

图 3-67 字符面板

图 3-68 添加文字

图 3-69 字符参数

图 3-70 添加文字

图 3-71 添加文字

图 3-72 添加图像

3.5 软件启动界面的设计要求

软件启动界面是用户接触软件看到的第一个界面，在设计软件启动界面时有许多细节问题需要注意，这个细节问题的处理直接关系到软件启动界面设计的成功与否。

3.5.1 内容显示清晰

用户所使用的计算机是千差万别的，不大可能与设计师所使用的计算机性能相一致，因而设计师在设计软件启动界面时需要考虑启动界面在不同计算机上的显示效果。

大部分显示方面的问题是可以预见的，例如显示器的分辨率，有的计算机只支持 1366×768px 的屏幕分辨率，而目前大部分的显示器分辨率都要大于 1920×1080px，这就需要设计师在设计软件启动界面时适当的考虑。

另外软件启动时，在屏幕上的显示位置也是需要考虑的问题之一，一般都是采用居中或者是全屏幕显示的方式。

3.5.2 界面具有安全感

一般的商业软件都要考虑软件的安全问题，正常情况下应该在软件的启动阶段进行安全性判别，在设计软件启动界面时应该考虑安全性问题，并随着软件的重要性、环境等情况作不同的考虑。图 3-73 所示为具有安全感的软件启动界面。

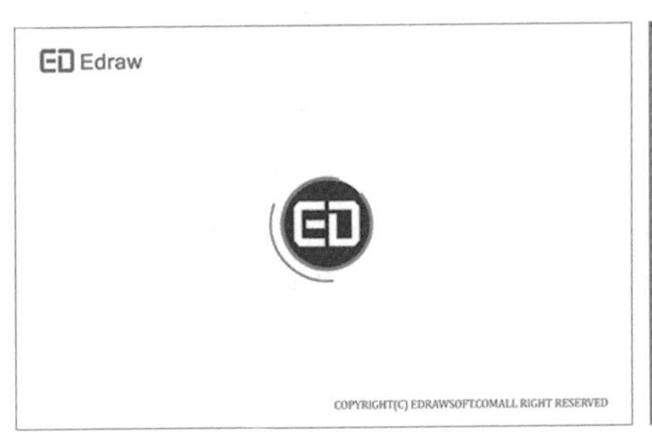

图 3-73 使界面具有安全感

3.5.3 考虑用户体验

软件界面的评价主要以用户的主观感受为评判依据，它受用户的辨识能力、舒适性和系统功能以及个人的知识、经验和喜好等多种因素的影响。

软件启动界面是最先与用户接触的软件界面，可以说用户对软件的第一印象基本上取决于软件启动界面设计的优劣，一个好的软件启动界面在设计过程中一定要考虑到用户的主观感受。图 3-74 所示为考虑用户体验的软件启动界面。

图 3-74 考虑用户体验

3.5.4 合理的启动时间

一个好的软件应该对启动时间加以限定，要设计适当的启动时间，尽可能地加快启动速度，几乎所有的用户都不希望软件的启动速度很慢。

因为软件需要适当地缩短启动时间，这就导致了软件启动界面显示的时间并不长，通常只有几秒钟，设计师需要在短短的几秒钟时间内吸引用户的注意，这就需要在软件启动界面的设计上多下功夫。图 3-75 所示为拥有合理启动时间的软件启动界面。

图 3-75 设计适当的启动时间

启动界面是独立于软件界面本身的一个窗口，这个窗口在软件运行时首先弹出屏幕，用于装饰软件本身，或简单演示一个软件的优越性。

很多专业的软件都采用软件启动界面来吸引用户的注意力，来隐藏软件主程序的启动，这样，可以让用户感觉软件主程序启动的时候较短。图 3-76 所示为遵循时间原则的软件启动界面。

图 3-76 时间原则

☆练一练——设计制作 App 的节气启动界面☆

微视频

源文件：第 3 章 \ 3-5-4.psd　　　　视频：第 3 章 \ 3-5-4.mp4

• 案例分析

本案例设计制作一款移动端 App 的启动界面，此款软件的主要功能为天气查询，所以它的启动界面会随着天气变化或者重要节气而变化。

此款启动界面的设计主题是“芒种”节气，所以采用了金色作为界面的主题色，再配合上金色的麦子图片，此款启动界面将带给浏览者一种温暖、丰收的感觉，如图 3-77 所示。

图 3-77 图像效果

• 制作过程

Step01 打开 Photoshop CC 软件，单击欢迎面板中的“新建”按钮，在弹出的对话框中设置参数如图 3-78 所示。

Step02 新建图层，使用“油漆桶工具”在画布中单击填充白色，双击新建图层，在弹出的“图层样式”对话框中选择“斜面和浮雕”选项，设置参数如图 3-79 所示。单击“确定”按钮，图像效果如图 3-80 所示。

Step03 执行“文件”→“打开”命令，打开一张素材图像，使用“移动工具”将其拖曳到设计文档中，图像效果如图 3-81 所示。单击工具箱中的“矩形工具”按钮，在画布中单击并拖曳鼠标创建一个 986×1668px 的矩形，如图 3-82 所示。

Step04 使用“移动工具”在按住 Alt 键的同时向下拖曳，复制形状并调整大小，在选项栏中单击“设置形状描边类型”按钮，在弹出框中单击“更多选项”按钮，继续在弹出的“描边”对话框中设置参数，如图 3-83 所示。设置完成后，单击“确定”按钮，图像效果如图 3-84 所示。

图 3-78　新建文档

图 3-79　图层样式参数

图 3-80　图像效果

图 3-81　添加素材图像

图 3-82　创建矩形

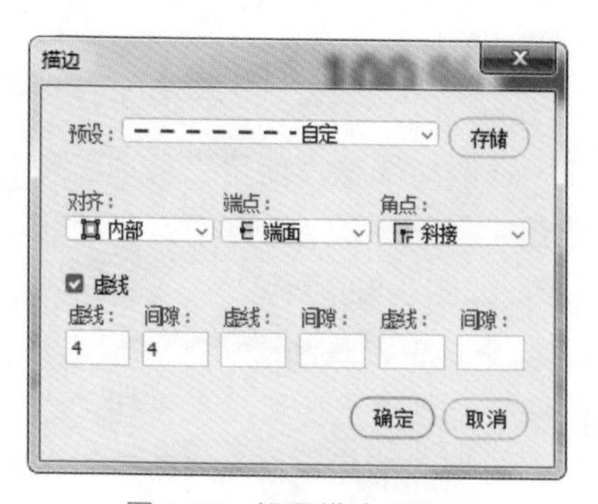

图 3-83　设置描边参数

图 3-84　图像效果

Step05 选中“矩形 1”和“矩形 1 拷贝”图层并将其编组，单击图层面板底部的“添加矢量蒙版”按钮，如图 3-85 所示。单击工具箱中的“矩形选框工具”按钮，在画布中单击并拖曳鼠标创建矩形选区，如图 3-86 所示。

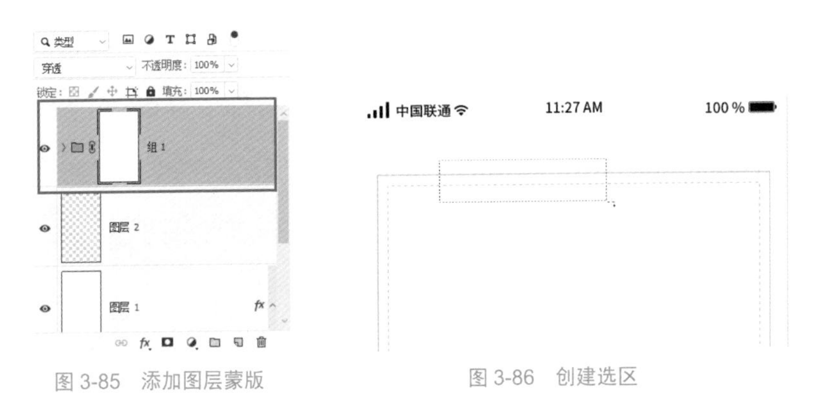

图 3-85　添加图层蒙版　　图 3-86　创建选区

Step06 单击工具箱中的“油漆桶工具”按钮，在画布中单击选区，如图 3-87 所示。使用组合键 Ctrl+D 取消选区，单击工具箱中的“矩形工具”按钮，在画布中单击并拖曳鼠标创建矩形形状，矩形的颜色填充为从 RGB（247，186，78）到 RGB（247，187，83）的渐变颜色，如图 3-88 所示。

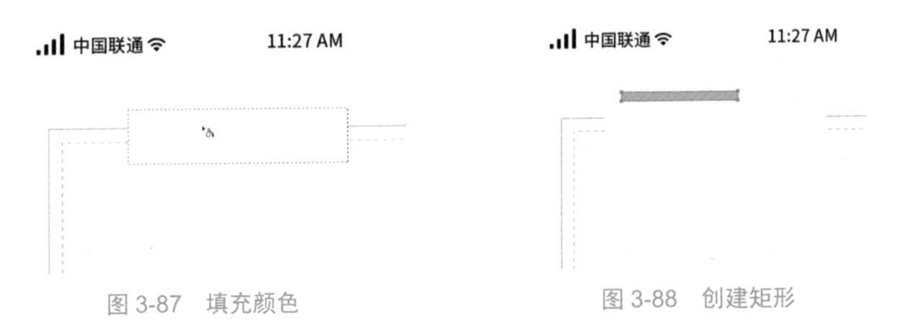

图 3-87　填充颜色　　图 3-88　创建矩形

Step07 在选项栏中修改“路径操作”为“合并形状”，使用“矩形工具”在画布中单击并拖曳鼠标创建形状，如图 3-89 所示。单击工具箱中的“路径选择工具”按钮，按住 Alt 键的同时向右拖曳形状，复制形状如图 3-90 所示。

Step08 在选项栏中保持“路径操作”为“合并形状”，再次使用“矩形工具”在画布中单击并拖曳鼠标创建矩形形状，如图 3-91 所示。

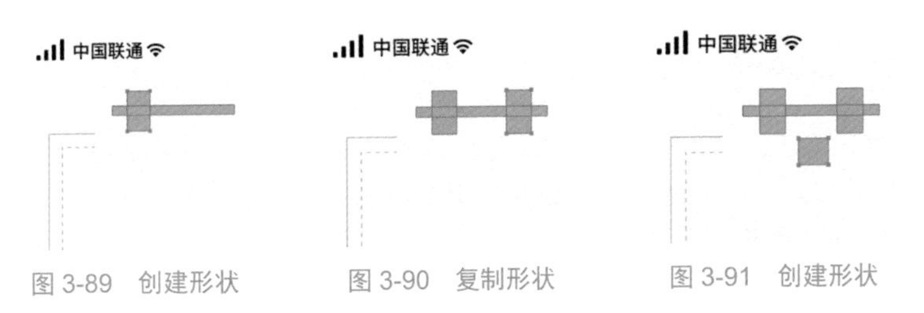

图 3-89　创建形状　　图 3-90　复制形状　　图 3-91　创建形状

Step 09 在工具栏中保持“路径操作”为“合并形状”，再次使用“矩形工具”在画布中单击并拖曳鼠标创建形状，如图 3-92 所示。

Step 10 单击工具箱中的“直接选择工具”按钮，选中形状右侧的两个锚点，向右移动。使用前面讲解过的方法，完成文字“芒”的绘制，如图 3-93 所示。

Step 11 使用“矩形工具”和“圆角矩形工具”配合“路径操作”中的“合并形状”选项和“减去顶层形状”选项，完成文字“种”的绘制，如图 3-94 所示。

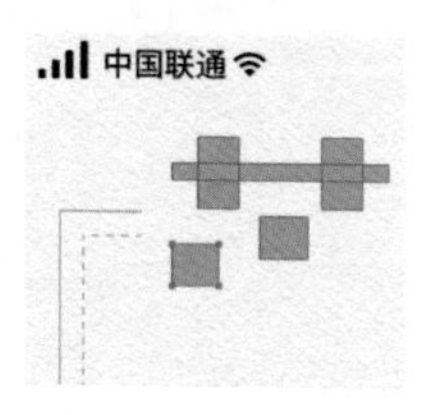

图 3-92　创建形状

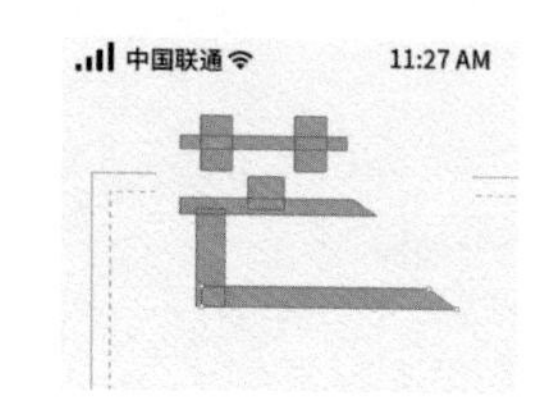

图 3-93　完成“芒”的绘制

图 3-94　完成“种”的绘制

☆ 提示

使用“圆角矩形工具”创建一个 170×136px 的形状，设置圆角值为 0px、20px、0px、0px，修改“路径操作”为“减去顶层形状”选项，继续创建一个 136×102px 的形状，设置圆角值为 0px、15px、0px、0px。

Step 12 单击工具箱中的“矩形工具”按钮，在画布中单击并拖曳鼠标创建一个 4×237px 的矩形形状，填充颜色为 RGB（223，164，36），如图 3-95 所示。打开“字符”面板，设置字符参数，单击工具箱中的“直排文字工具”按钮，在画布中单击并添加直排文字，如图 3-96 所示。

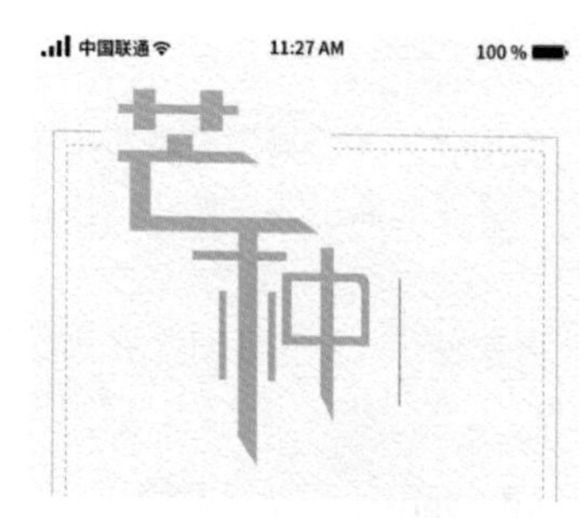

图 3-95　创建形状

图 3-96　添加文字内容

Step 13 单击工具箱中的“矩形工具”按钮，在画布中单击并拖曳鼠标创建一个 68×367px 的矩形形状，填充颜色为 RGB（255，227，166），如图 3-97 所示。

Step 14 打开“字符”面板，设置字符参数，单击工具箱中的“直排文字工具”按钮，在画布中单击并添加直排文字，如图 3-98 所示。

图 3-97 创建形状

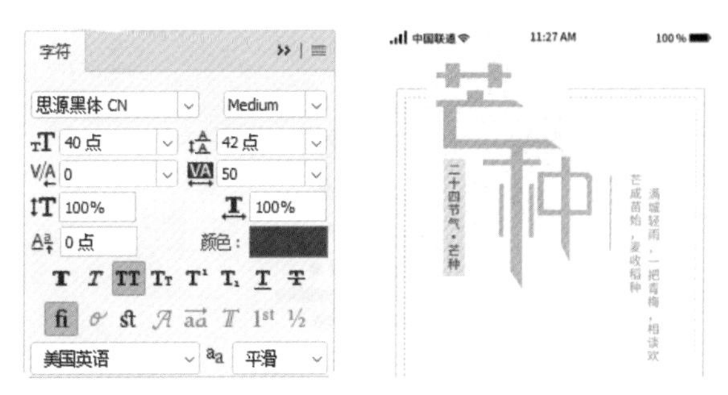

图 3-98 添加文字内容

☆ 小技巧：“芒种”启动界面的色彩选用

芒种是中国二十四节气之一，它的字面意思是“有芒的麦子快收，有芒的稻子可种”。通俗来讲，芒种前后是一段农事活动的非常忙碌的时间，既涉及播种，也涉及收割。由此，设计师在设计芒种节气的启动界面时，选用了代表丰收的金色作为界面的主题色。

Step 15 执行“文件”→“打开”命令，在弹出的“打开”对话框选择两张素材图像，将其打开，使用“移动工具”将素材图像逐一拖曳到设计文档中，如图 3-99 所示。单击工具箱中“椭圆工具”按钮，在画布中单击并拖曳鼠标创建一个 781×781px 的椭圆形状，如图 3-100 所示。

图 3-99 添加素材图像

图 3-100 创建形状

Step 16 使用 Step06 ～ Step10 完成相似内容的制作，如图 3-101 所示。执行“文件”→“打开”命令，在弹出的“打开”对话框中选择一张素材图像，将其打开，使用“移动工具”将素材图像拖曳到设计文档中，如图 3-102 所示。

Step 17 打开“图层”面板，选中“图层 3”图层，在图层上方右击，在弹出的快捷菜单中选择“创建剪贴蒙版”选项，如图 3-103 所示。

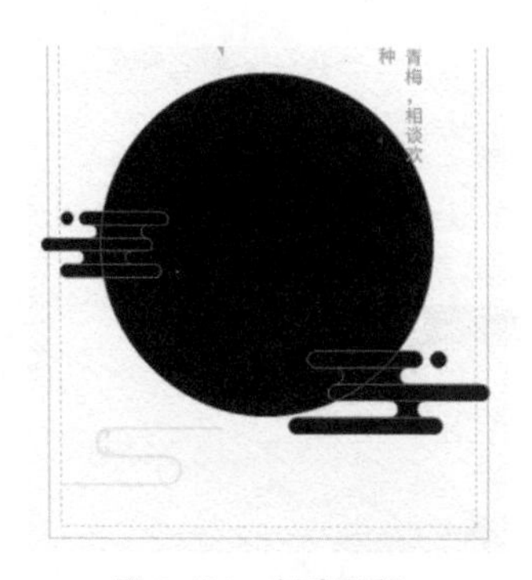

图 3-101　创建形状

图 3-102　添加图像

图 3-103　添加剪贴蒙版

3.6 软件启动界面的设计技巧

用户使用软件的过程是一种与软件交互和对话的过程。在任意操作中给予用户积极的、实时的反馈，可以有效地提高用户体验。

设计师在设计软件启动界面时，可以为其添加进度条或者使用文字展示当前的内部操作，帮助用户实时地感知当前的加载进度。图 3-104 所示为软件启动界面包含的进度显示。

图 3-104　启动界面有进度显示

设计师一定要严格控制软件启动界面的展示时间，研究表明，启动界面的展示时间控制在 3 ～ 10s 为最佳。

如果启动界面的展示时间太短，则启动界面一闪而过，造成的用户体验非常糟糕，为此，设计师可以适当地延长启动页面的展示时间。图 3-105 所示为合理应用展示时间的软件启动界面。

图 3-105　合理应用展示时间的软件启动界面

3.7 举一反三——设计制作一款 App 引导页

源文件：第 3 章 \ 3-7-1.psd　　　　视频：第 3 章 \ 3-7-1.mp4

微视频

通过学习本章的相关知识点，读者应该掌握软件 UI 设计中安装界面和启动界面的设计要求和设计原则。下面利用所学知识和经验，完成一款 App 引导界面的制作。

Step 01 新建文档，添加一张状态栏的素材图像，如图 3-106 所示。

图 3-106　添加状态栏素材

Step 02 使用“形状工具”和“直接选择工具”完成引导主图的制作，如图 3-107 所示。

Step 03 使用“形状工具”和“直接选择工具”完成笑脸元素的制作，如图 3-108 所示。

Step 04 使用“横排文字工具”和“形状工具”完成 App 引导页的制作，如图 3-109 所示。

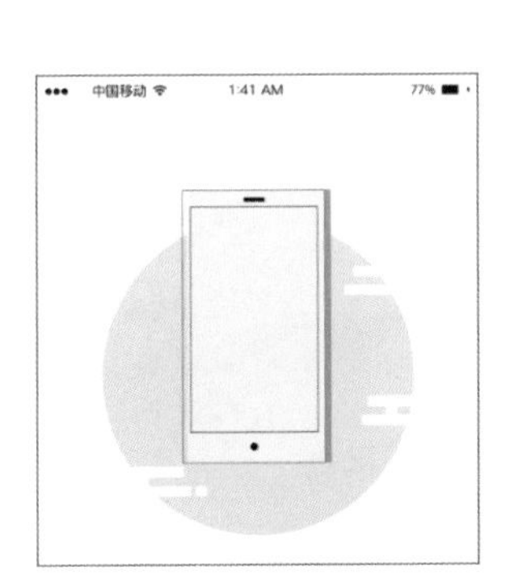

图 3-107　完成引导主图

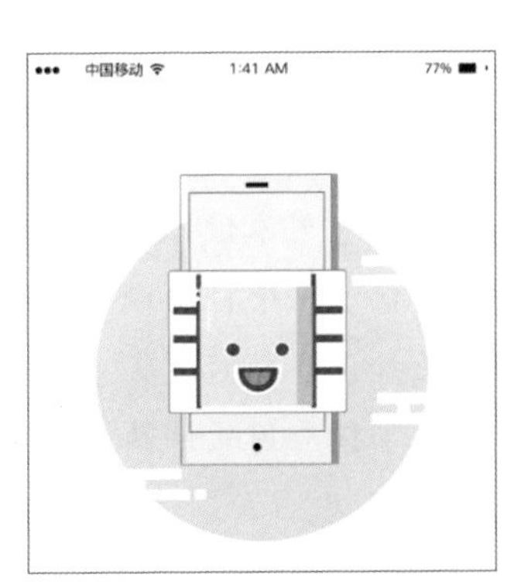

图 3-108　完成笑脸元素

图 3-109　完成 App 引导页

3.8 本章小结

在本章中详细介绍了有关软件安装与启动界面的相关知识，并通过设计制作软件界面实例向读者讲解了各种界面设计的方法和技巧。完成本章内容的学习，读者需要能够掌握软件安装与启动界面的设计方法，并能够设计出有特色的软件安装与启动界面。

第4章

应用软件界面的新颖设计

本章主要内容

软件界面设计是“易用性设计”“艺术设计”和“技术实现”的综合性设计。在本章中将向读者介绍应用软件界面设计的相关知识，并通过实例的设计制作讲解，使读者能够掌握应用软件界面设计的方法和技巧。

4.1 初识应用软件界面设计

为了满足软件专业化、标准化的需求，不仅需要软件拥有强大的功能和高效的运行能力，还需要软件能够给用户提供一个操作起来简单易懂的、视觉效果精致美观的用户界面，这就需要设计师对软件界面进行设计。

▶ 4.1.1 应用软件界面的概念

软件界面也称作软件 UI（User Interface），是人机交互的重要组成部分，也是软件带给使用者的第一印象，同时它也是软件设计的重要组成部分。

随着大众审美意识的提高，用户在使用软件的过程中对软件界面的要求越来越高，设计师正在逐步提高软件 UI 的设计水平，如图 4-1 所示。

图 4-1 软件 UI 设计

软件 UI 设计目前是一个不断发展壮大的设计领域，一款人性化、美观的界面会给用户带来舒适的视觉享受，拉近用户与软件的距离，创造出软件产品的新卖点。图 4-2 所示为精美的软件 UI 设计。

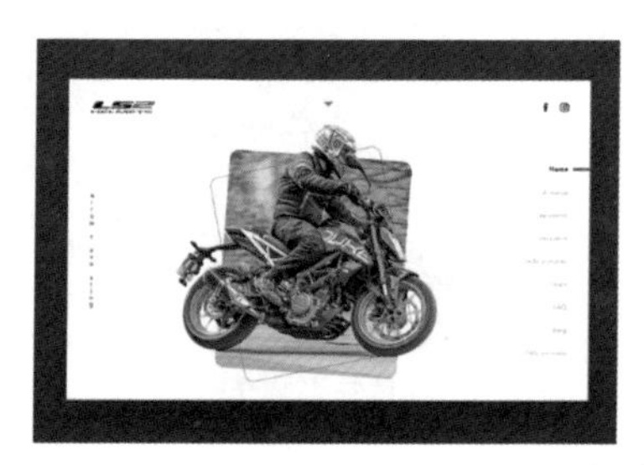

图 4-2 精美的软件 UI 设计

☆ 提示

软件 UI 设计并不是单纯的艺术设计，还需要综合考虑使用者、使用环境和使用方式等因素，并且最终为用户服务。

一个完整的应用软件界面通常包括背景和主体两部分内容，接下来通过制作一款应用软件的背景部分，加深读者对应用软件界面的理解。

微视频

☆练一练——设计制作社交软件登录界面的背景☆

源文件：第 4 章 \ 4-1-1.psd　　　　视频：第 4 章 \ 4-1-1.mp4

• 案例分析

本案例设计制作一款社交软件的登录界面的背景，背景界面的颜色由紫色到粉红色的渐变色组成，紫色的神秘和粉色的青春很容易吸引用户的注意力。再配合从白色到透明的渐变素材图像和紫色的波浪形状，使登录界面的背景图像显得更加轻灵明快。制作完成后，背景界面的图像效果如图 4-3 所示。

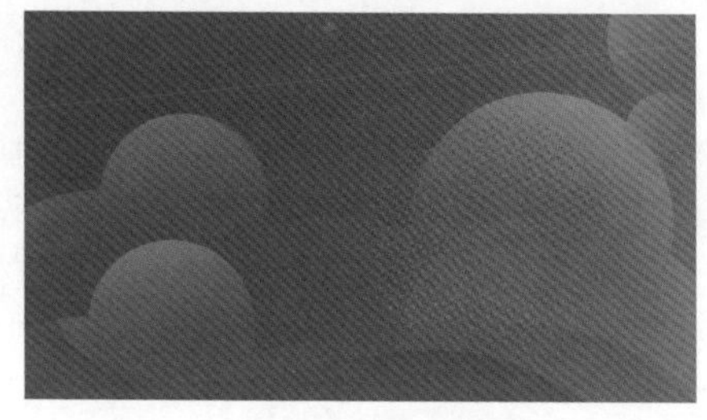

图 4-3　图像效果

• 制作步骤

Step01 打开 Photoshop CC 软件，单击欢迎面板中的“新建”按钮，在弹出的对话框中设置各项参数如图 4-4 所示。

Step02 打开“图层”面板，单击面板底部的“创建新图层”按钮，新建图层。单击工具箱中的“渐变工具”按钮，在打开的“渐变编辑器”窗口中设置渐变颜色，在画布中单击并从左到右拖曳鼠标箭头，如图 4-5 所示。

图 4-4　新建文档

图 4-5　新建图层并填充渐变色

Step03 执行“文件”→“打开”命令，在弹出的“打开”对话框中选中素材图像，将其打开并拖曳到设计文档中，打开“图层”面板，设置图层不透明度为 42%，如图 4-6 所示。

Step04 打开“图层”面板，将“图层 2”拖曳到“创建新图层”按钮的上方，得到“图层 2 拷贝”图层，使用“移动工具”将图像摆放到合适位置，如图 4-7 所示。

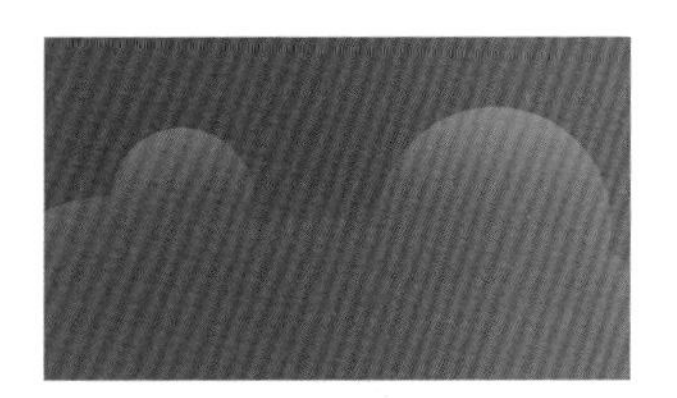

图 4-6　添加图像

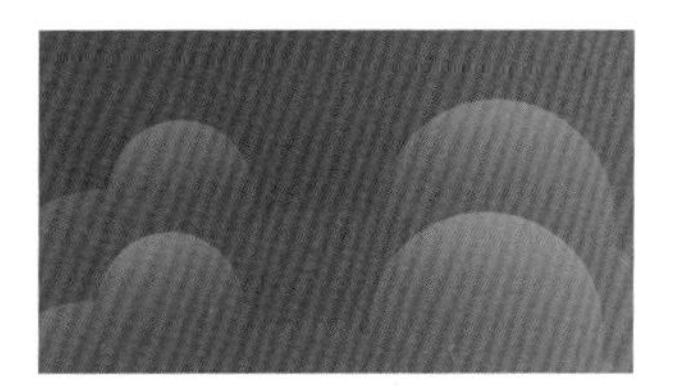

图 4-7　复制图层

☆ 提示

用户想要复制图层也可以执行“图层”→“复制图层”命令，同样，用户想要移动图层的位置，可以选中图层，使用键盘上的 4 个方向键移动其位置。

Step05 在打开的“图层”面板中，单击面板底部的“添加矢量蒙版”按钮，使用“渐变工具”在图层蒙版上添加从右到左的黑白渐变，如图 4-8 所示。使用 Step03 完成素材图像的添加，如图 4-9 所示。

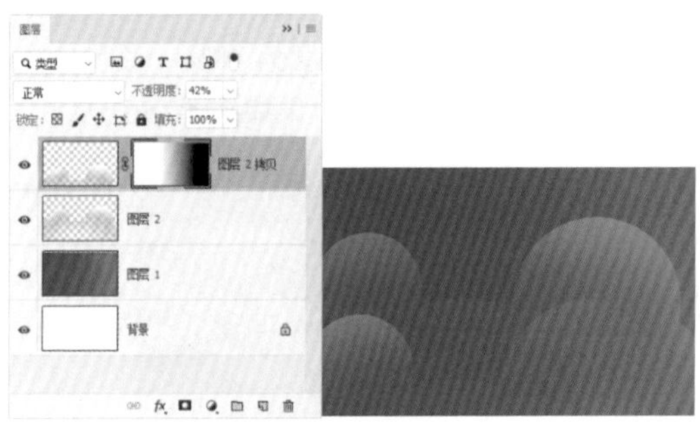

图 4-8　添加图层蒙版

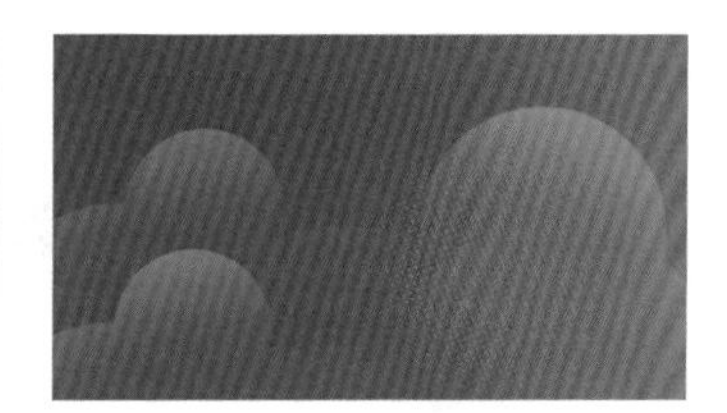

图 4-9　添加素材图像

Step06 打开“图层”面板，单击面板底部的“创建新图层”按钮，新建图层，单击工具箱中的“画笔工具”按钮，在画布中单击绘制圆形图像，如图 4-10 所示。

Step07 打开“图层”面板，选中“图层 4”图层并将鼠标箭头停留在图层上方，右击，在弹出的快捷菜单中选择“创建剪贴蒙版”选项，如图 4-11 所示。

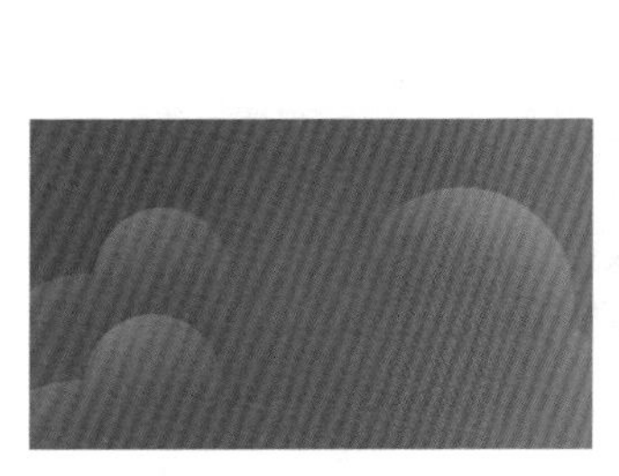

图 4-10　绘制图像

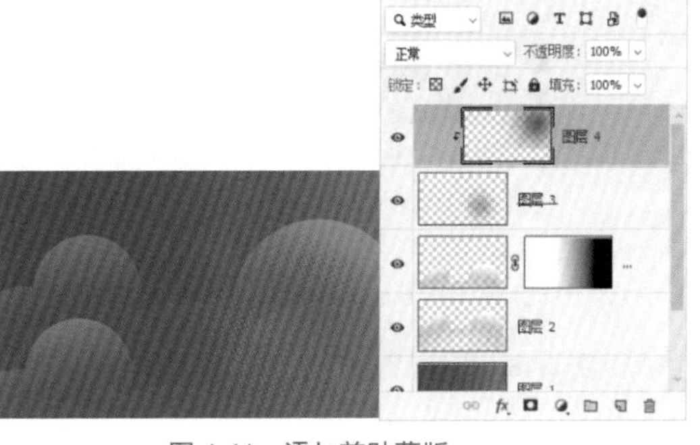

图 4-11　添加剪贴蒙版

☆ 提示

单击工具箱中的“画笔工具”按钮后，在工具栏中设置画笔笔触为1400px，画笔名称为“柔边圆”，设置前景色为RGB（171，74，238），在画布中心处单击绘制图像。

Step08 单击工具箱中的“钢笔工具”按钮，在画布中连续单击并拖曳鼠标创建不规则形状，如图4-12所示。单击工具箱中的“直接选择工具”按钮，调整形状中各个锚点的位置和方向线，形状效果如图4-13所示。

图4-12　创建不规则形状

图4-13　调整锚点

Step09 打开“图层”面板，修改图层的“填充”不透明度为48%，形状效果如图4-14所示。使用Step08和Step09完成相似形状的创建，形状效果如图4-15所示。

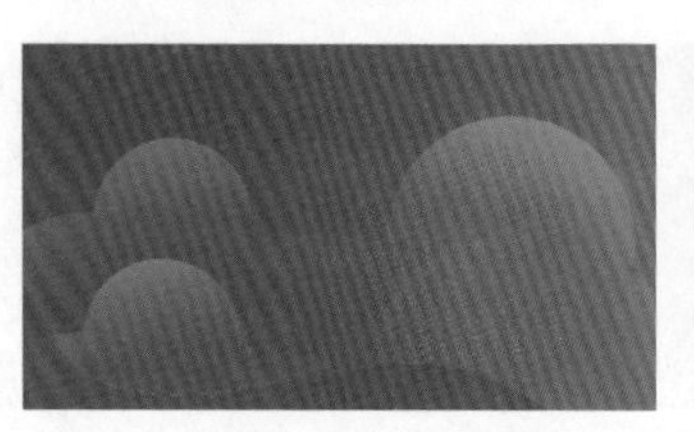
图4-14　修改“填充”不透明度

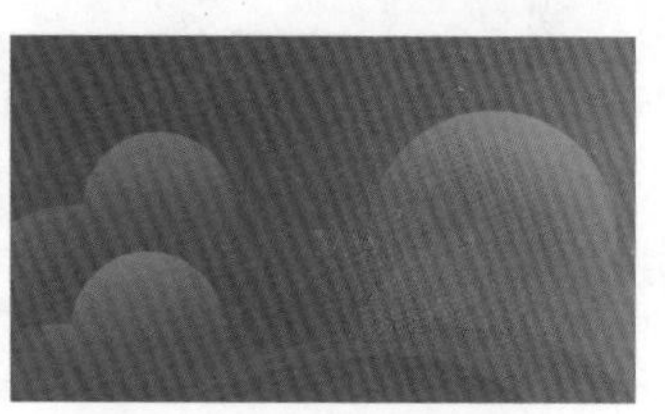
图4-15　绘制相似形状

Step10 单击工具箱中的“椭圆工具”按钮，在画布中单击并拖曳鼠标创建一个390×390px的圆形形状，在工具栏的“填充”选项中，设置渐变颜色参数如图4-16所示。设置完成后，形状效果如图4-17所示。

图4-16　设置“填充”参数

图4-17　图像效果

Step11 打开“图层”面板，选中“椭圆4”图层并将鼠标箭头停留在图层上方，右击，在弹出的快捷菜单中选择“复制图层”选项，在工具栏中更改形状的大小为230×230px，如图 4-18 所示。

Step 12 使用“移动工具”将形状放置到合适的位置，如图 4-19 所示。在打开的“图层”面板中，选中除了“背景”图层以外的所有图层，单击面板底部的“创建新组”按钮，创建新组并重命名为“背景”，如图 4-20 所示。

图 4-18　形状参数

图 4-19　图像效果

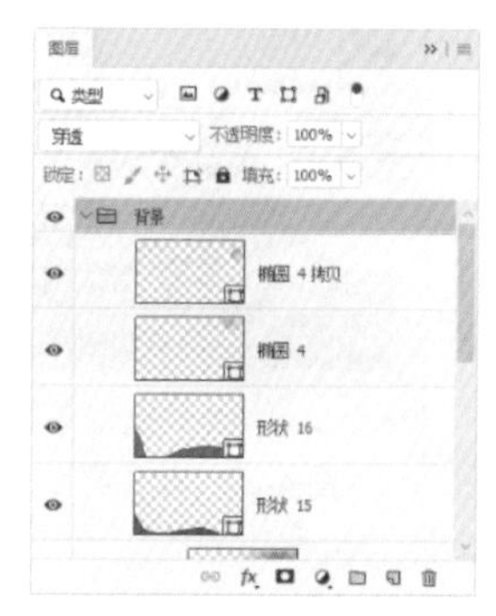

图 4-20　创建图层组

4.1.2　应用软件界面的设计内容

软件界面的屏幕设计主要包括布局、文字用语和颜色等。

1. 布局

软件界面的屏幕布局因功能不同考虑的侧重点也要有所不同，各个功能区要重点突出、功能明显，在软件界面的屏幕布局中还要注意一些基本数据的设置，如图 4-21 所示。

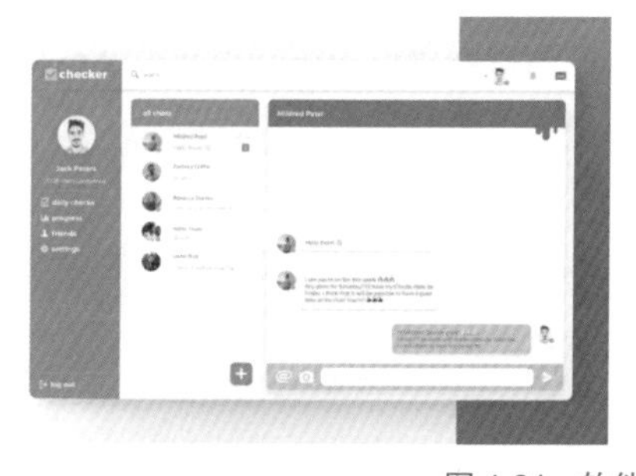

图 4-21　软件界面中的布局

2. 文字用语

在软件界面设计中用语一定要简洁明了，尽量避免使用专业术语，在软件界面的屏幕显示设计中，文字不要过多，所传达的信息内容一定要清楚易懂，并且方便用户的操作使用，如图 4-22 所示。

3. 颜色

在软件界面中，活动的对象应该使用鲜明的色彩，尽量避免将不兼容的颜色放在一起。如果需要使用颜色表示某种信息或对象属性，要使用户能够明白所表达的信息，并且尽量使用常规的准则来表示，如图 4-23 所示。

图 4-22　软件界面中的文字

图 4-23　软件界面中的颜色使用

4.1.3　应用软件界面的设计要点

软件界面设计并不仅仅为一个应用程序，更重要的是能够为用户服务，软件界面是用户与程序沟通的唯一途径，软件界面的设计是为用户的设计而不是为软件开发者的设计。应用软件界面的设计要点有以下几点。

1. 简单易用

软件界面的设计要尽可能美观、简洁，便于用户了解与使用，并尽可能减少用户发生错误操作的可能性。

2. 为用户考虑

在软件界面设计中应该尽可能使用通俗易懂的语言，尽量避免使用专业术语。要考虑用户对软件的熟悉程度，尽可能实现用户可以通过已经掌握的知识使用该软件界面来操作和使用软件，但不应该超出一般常识。

3. 清晰易懂

软件界面的设计应该清晰易懂，各种功能的表述也应该尽可能清晰，在视觉效果上便于理解和使用。

4. 风格一致

在一款软件中通常会有多个界面，这就要求在设计软件界面时保持软件界面的风格和结构的清晰与一致，软件中各界面的风格必须与软件的整体风格和内容相一致。

5. 操作灵活

简单来说，就是要让用户能够更加方便地使用软件，即互动的多重性，不仅仅局限于仅可以使用鼠标对软件界面进行单一的工具操作，还可以通过按键对软件进行操作。

6. 人性化

软件界面的设计应该更加人性化，用户可以根据自己的喜好和习惯定制软件界面，并能够保存设置。高效率和用户满意度是软件界面设计人性化的体现。

7. 安全保护

在软件界面上通过各种方式控制出错概率，以减少系统因用户人为的错误引起的破坏。开发者应当尽量周全地考虑各种可能发生的问题，使出错的可能性降至最小。如应用出现保护性错误而退出系统，这种错误最容易使用户对软件失去信心。因为这意味着用户要中断思路，并费时费力地重新登录，而且已进行的操作也会因没有存盘而全部丢失。

☆练一练——设计制作社交软件登录界面的主体☆

微视频

源文件：第 4 章 \ 4-1-3.psd　　　　视频：第 4 章 \ 4-1-3.mp4

• 案例分析

本案例设计制作社交软件登录界面的主体内容。主体内容由白色的底衬、精美的寓意图像和完整的文字内容组成。因为制作过程中各个步骤在之前的案例中都有过讲解，所以案例的制作难度不大。

此案例的主要目的意在让读者通过登录界面的制作，观察和理解软件界面的排版布局设计和配色设计，软件完整登录界面如图 4-24 所示。

图 4-24　图像效果

• 制作步骤

Step01 执行“文件”→“打开”命令，在弹出的“打开”对话框中选择 4-1-1.psd 文件，图像效果如图 4-25 所示。单击工具箱中的“圆角矩形工具”按钮，在画布中单击并拖曳鼠标创建一个 1070×680px 的圆角矩形形状，设置圆角值为 40px，如图 4-26 所示。

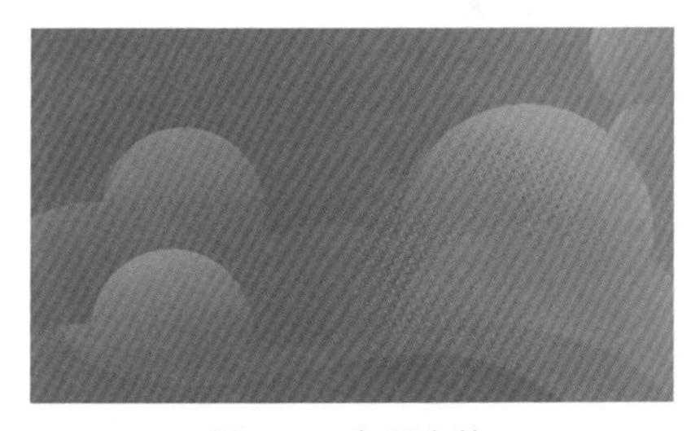
图 4-25　打开文件

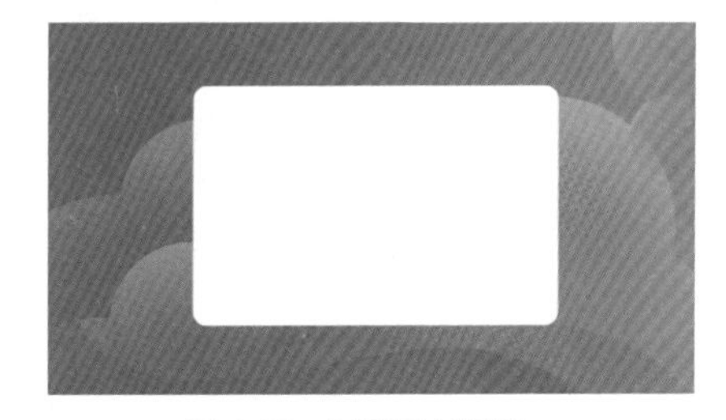
图 4-26　创建圆角矩形

Step02 执行“文件”→“打开”命令，在弹出的“打开”对话框中选中素材图像，将其打开并拖曳到设计文档中，如图 4-27 所示。

Step03 打开“字符”面板，设置字符参数。单击工具箱中的“横排文字工具”按钮，在画布中单击并输入横排文字，如图 4-28 所示。

图 4-27　添加素材图像

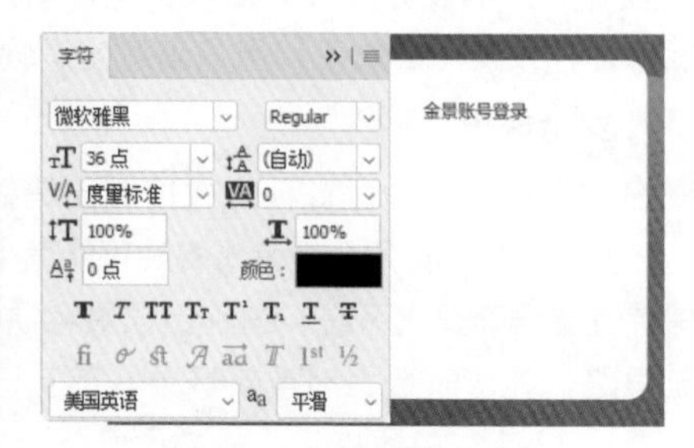

图 4-28　添加文字内容

Step04 打开“字符”面板，设置字符参数如图 4-29 所示。单击工具箱中的“横排文字工具”按钮，在画布中单击并输入横排文字，如图 4-30 所示。

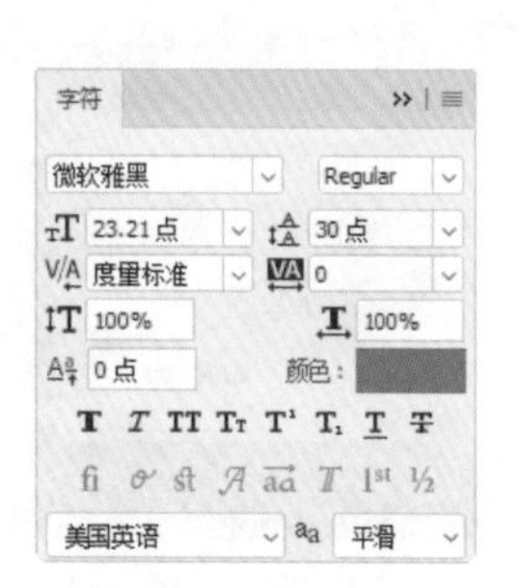

图 4-29　字符参数

图 4-30　添加文字

Step05 执行“文件”→“打开”命令，在弹出的“打开”对话框中选中素材图像，将其打开并拖曳到设计文档中，如图 4-31 所示。

Step06 打开“字符”面板，设置字符参数如图 4-32 所示。单击工具箱中的“横排文字工具”按钮，在画布中单击并添加横排文字。使用“矩形工具”在画布中单击并拖曳创建直线形状，如图 4-33 所示。使用 Step05 和 Step06 完成相似模块的制作，如图 4-34 所示。

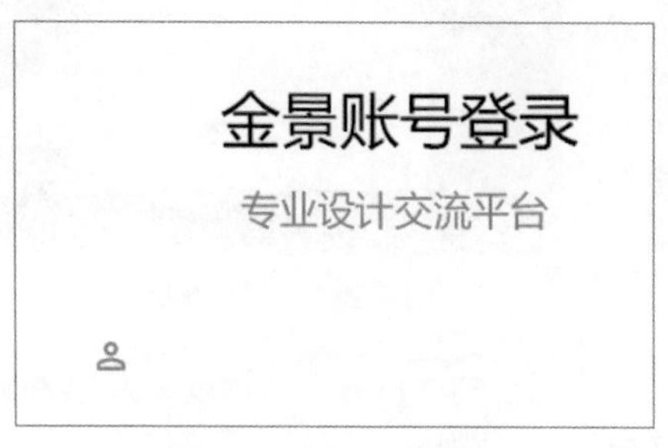

图 4-31　添加素材图像

图 4-32　字符参数

图 4-33　添加文字和创建直线

图 4-34　完成相似模块的制作

Step07 单击工具箱中的“圆角矩形工具”按钮，在画布中单击并拖曳创建一个 240×42px 的圆角矩形形状，如图 4-35 所示。

Step08 打开“字符”面板，设置字符参数如图 4-36 所示。单击工具箱中的“横排文字工具”按钮，在画布中单击并添加横排文字，如图 4-37 所示。使用 Step07 和 Step08 完成文字内容的制作，界面效果如图 4-38 所示。

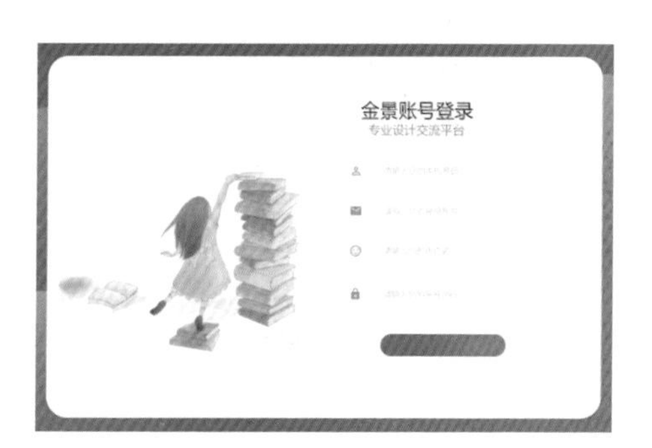

图 4-35　创建圆角矩形

图 4-36　字符参数

图 4-37　添加文字内容

图 4-38　界而效果

▶ 4.1.4　应用软件界面的设计原则

在漫长的软件发展过程中，软件界面设计一直没有被重视，其实软件界面设计就像工业产品中的造型设计一样，是产品的主要卖点。软件界面设计应该遵循以下原则。

1. 易用性

软件界面上的各种按钮或者菜单名称应该易懂，用词准确，不要出现模棱两可的字眼，要与同一界面上的其他菜单或按钮易于区分，能够直接明白具体的含义。理想的情况是用户不用查阅帮助就能知道该界面的功能并进行相关的正确操作，如图 4-39 所示。

2. 规范性

通常界面设计都遵循 Windows 界面规范，即包含“菜单条、工具栏、工具箱、状态栏、滚动条和右键快捷菜单”的标准格式，界面遵循规范化的程度越高，则易用性就越好，小型软件一般不提供工具箱，如图 4-40 所示。

图 4-39　易用性

图 4-40　规范性

3. 合理性

屏幕对角线相交的位置是用户直视的地方，正上方四分之一处为易吸引用户注意力的位置，在放置窗体时要注意利用这两个位置。菜单是界面上最重要的元素，菜单位置按照功能来组织，如图 4-41 所示。

图 4-41　合理性

4. 美观与协调性

软件界面大小应该适合美学观点，感觉协调舒适，能在有效的范围内吸引用户的注意力，如图 4-42 所示。

5. 独特性

如果一味地遵循业界的界面标准，则会丧失自己的个性，在整体框架符合规范的情况下，设计具有自己独特风格的软件界面尤为重要，其在商业软件流通中有着很好的潜移默化的广告效用，如图4-43所示。

图4-42 美观与协调性

图4-43 独特性

☆ 提示

软件界面设计可以大致分为应用软件界面设计、软件皮肤设计、Web软件界面设计和游戏软件界面设计，本章将逐一为读者讲解这些分类的设计要点。

4.2 软件皮肤设计

软件皮肤就是软件的可视外观，为了满足用户日益增长的个性化需求，越来越多的软件会设计开发多套外观皮肤供用户自由选择，极大地丰富了软件界面的表现效果。最常见的软件皮肤包括Windows主题、QQ皮肤、天气主题、输入法皮肤等。

当前的应用软件与人们的生活息息相关，并且在现代化生活中，人们已经不会再拘束于每天定点的电视天气预报或者每日的早报这样的生活方式，而是可以通过更多的途径（各种应用软件）随时了解到最新的天气、温度或者最新的新闻，方式简单而且高效。图4-44所示为精美的应用软件的皮肤。

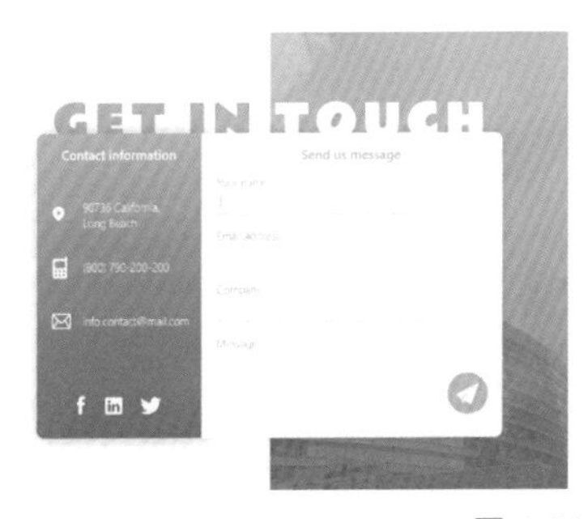

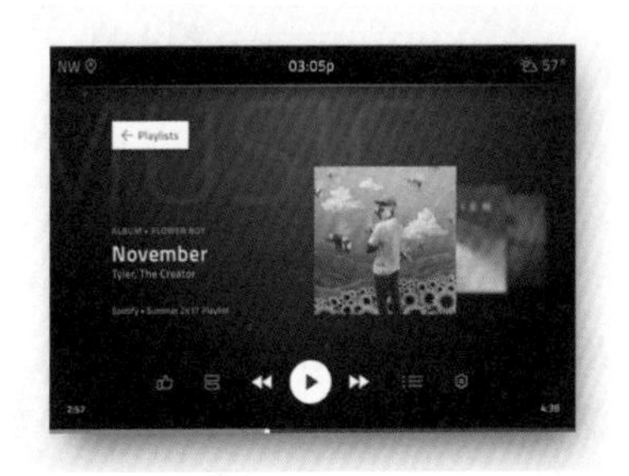

图4-44 软件皮肤

☆ 提示

台式计算机、平板计算机和智能手机等各种终端中，各种应用软件无处不在，表现形式也呈现多样化，也有许多的开发商为应用软件设计了多款皮肤，如何设计出既美观又实用的软件皮肤界面是应用软件受到用户欢迎的客观因素。

在设计应用软件皮肤界面的过程中需要注意遵守以下设计原则。

1. 通俗性

设计师需要从用户的行为和潜在需求出发，找到设计的支撑点，界面的元素需要通俗易懂，使大部分用户一眼就能明白，不要为了求新颖而将软件元素设计得过于另类，这样只会增加用户的理解难度，而不会使用户喜欢。

2. 清晰性

清晰性也是设计应用软件皮肤界面最基本的原则之一，此原则能够在视觉效果上便于用户的理解和使用。

3. 有序性

在应用软件皮肤界面的设计中，各种信息的排序要具有有序性，没有用户喜欢杂乱的信息表现方式。

4. 一致性

每一个优秀的界面设计都需要具备一致性的特点，界面的结构必须清晰并且一致，如果所设计的应用软件皮肤界面是软件中的一部分，那么就更需要考虑其与整个软件界面的风格相统一，如图 4-45 所示。

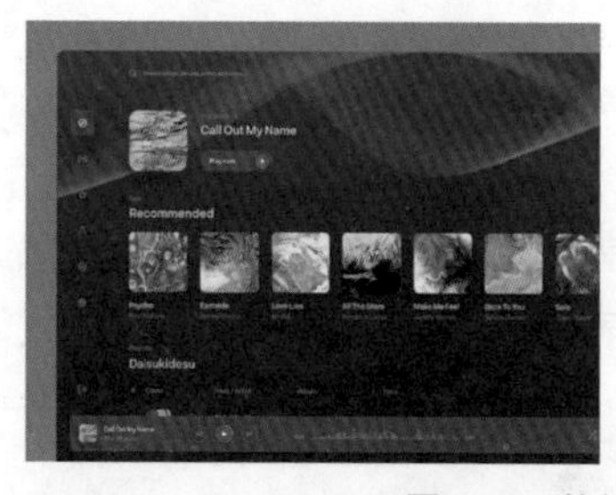

图 4-45　软件皮肤的一致性

5. 容易记忆

现代社会，每个人都面临着信息爆炸，用户需要快速地获取信息，更希望是一种直截了当的形式，要避免使用烦琐和不清晰的表现方式。

6. 从用户的角度出发

设计需要从用户的角度出发，用户总是按照自己的方法理解和使用，所以在设计应用软件皮肤界面时，需要按照常规的方式来表现内容，这样用户可以通过已经掌握的知识轻松地使用应用软件皮肤界面。

4.3 Web 软件界面设计

如今已经进入互联网高速发展的时代，各种互联网的 Web 应用软件占据大众的娱乐时光。大多数的用户对于软件界面的技术细节并不关心，他们更关心的是该 Web 应用软件是否提供了一个高效、美观和便于操作的用户界面。

4.3.1 Web 软件界面概述

Web 应用软件是指可以通过网页进行访问和操作的应用程序。Web 应用软件的一个最大的优点就是用户只需要使用浏览器，不需要安装任何其他的软件或插件，就能够轻松地使用该软件。

应用软件有 C/S 和 B/S 两种模式。C/S 是客户端 / 服务器端应用软件，这类应用软件一般都需要独立运行，也就是我们安装在计算机中的各种软件，如图 4-46 所示。

B/S 则是浏览器端 / 服务器端应用软件，这类应用软件一般是借助 IE 等浏览器来运行的。Web 应用软件一般都是采用 B/S 模式。常见的聊天室、论坛、云空间、电子邮箱等都是 Web 应用软件，如图 4-47 所示。

图 4-46　应用软件界面

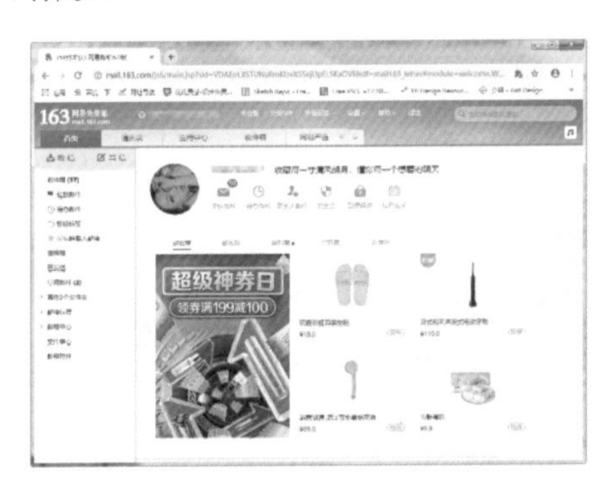

图 4-47　Web 应用软件

4.3.2 Web 软件界面设计原则

Web 软件界面设计与普通应用软件界面设计有许多相似之处，但由于其应用环境的特殊性，其又具有自身的特点和要求。在对 Web 软件界面进行设计时，应该遵守以下几点设计原则。

1. 简单明了

Web 软件界面的设计要尽可能以最直接、最形象、最易于理解的方式呈现在用户面前。对操作接口，直接单击高于右键操作，文字加图标的表现形式要比单纯的文字或图标更好，尽可能地符合用户对类似系统的识别习惯。

2. 方便使用

为了方便用户尽快熟悉该 Web 应用软件的使用，简化操作，应该尽可能在 Web 软件界面中提供向导性的操作流程。

3. 界面色彩

计算机屏幕的发光成像和普通视觉成像有很大的不同，应该注意这种差别做出恰当的色彩搭配。对于用户需长时间使用的 Web 应用软件，应当使用户在较长时间使用后不至于过于感到视觉疲劳为宜。例如以轻松的浅色彩为主配色，灰色系为主配色等。切忌色彩过多，花哨艳丽，严重妨碍用户视觉交互。

4. 界面版式

Web 应用软件的界面版式要求整齐统一，尽可能在固定的位置划分不同的功能区域，方便用户导航使用；排版不宜过于密集，避免产生疲劳感。

5. 页面最小

由于 Web 的网络特性，尽可能减小单页面加载量，以降低图片文件大小和数量，加快加载速度，方便用户体验。

6. 屏幕适用

Web 应用软件是通过浏览器进行操作使用的，设计者需要考虑到用户使用的屏幕分辨率大小不同，需要使设计的 Web 应用软件适应在不同屏幕分辨率下显示。

7. 适当安排界面内容

Web 应用软件应该尽可能减少垂直方向滚动，尽可能不超过两屏。为避免导致非常恶劣的客户体验，应尽可能禁止浏览器水平滚动操作。

微视频

☆练一练——设计制作实时天气预报界面☆

源文件：第 4 章 \ 4-3-2.psd　　　　视频：第 4 章 \ 4-3-2.mp4

• 案例分析

本案例设计制作一款实时天气预报界面，案例制作过程中用户会接触到“渲染滤镜”的使用。因为此款软件的作用为查询天气，所以使用拥有与云层极其相似的界面效果的“云彩滤镜”。

案例制作过程中除了滤镜的使用，还包括之前讲解过的形状工具和文字工具的使用，用户在制作过程中须注意各个内容的大小比例，软件界面完成后的图像效果如图 4-48 所示。

· 制作步骤

图 4-48 界面效果

Step01 打开 Photoshop CC 软件，单击欢迎面板中的“新建”按钮，在弹出的“新建文档”对话框中设置各项参数如图 4-49 所示。

Step02 打开“图层”面板，单击面板底部的“创建新图层”按钮，新建图层，单击工具箱中的“渐变工具”按钮，在打开的“渐变编辑器”窗口中设置渐变颜色，在画布中单击并从左到右拖曳鼠标箭头，如图 4-50 所示。

图 4-49 新建文档

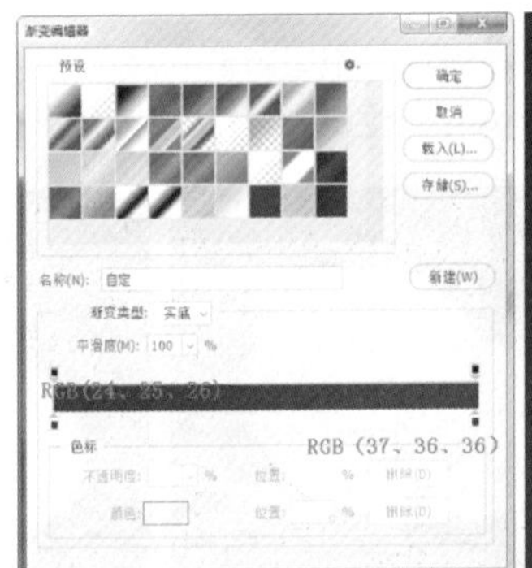

图 4-50 新建图层并填充渐变色

Step03 打开“图层”面板，单击面板底部的“创建新图层”按钮，新建图层，设置前景色为“白色”，背景色为“墨蓝色”，执行“滤镜”→“渲染”→“云彩”命令，图像效果如图 4-51 所示。

Step04 在打开的“图层”面板中，设置当前图层的混合模式为“叠加”，图像效果如图 4-52 所示。

图 4-51 创建云彩滤镜

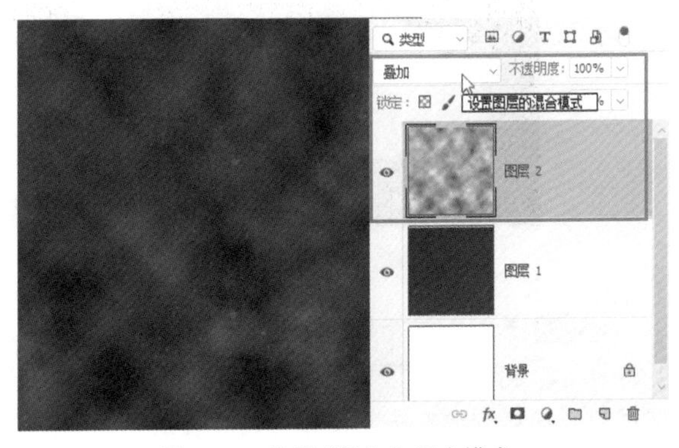

图 4-52 设置“叠加”混合模式

☆ 小技巧："滤镜"命令

读者执行"滤镜"→"渲染"→"分层云彩"命令,可为画布添加"分层云彩"滤镜。除了"滤镜库"命令，Photoshop CC 还为用户提供了11 组滤镜，让用户制作更加丰富的作品。

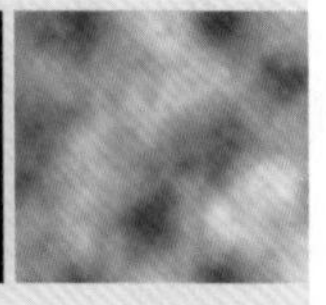

Step05 单击工具箱中的"椭圆工具"按钮，在画布中单击并拖曳鼠标创建一个 144×144px 的白色正圆形状，如图 4-53 所示。

Step06 在工具栏中修改"路径操作"为"合并形状"，使用"椭圆工具"在画布中单击并拖曳鼠标创建一个 162×162px 的白色正圆形状，如图 4-54 所示。

Step07 在工具栏中保持"路径操作"为"合并形状"，使用"椭圆工具"在画布中单击并拖曳鼠标创建一个 118×118px 的白色正圆形状，如图 4-55 所示。

图 4-53　创建形状

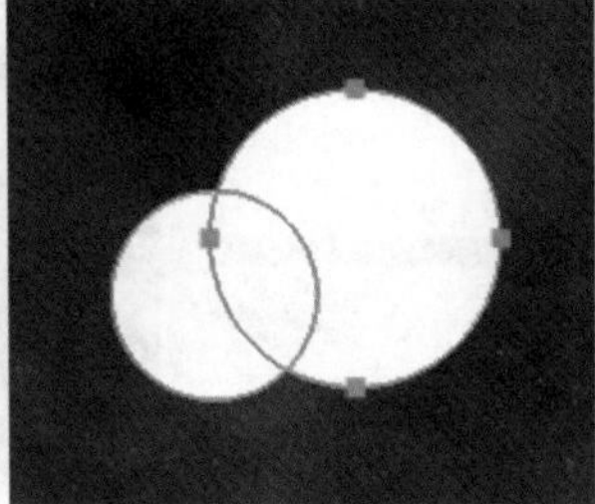
图 4-54　合并形状

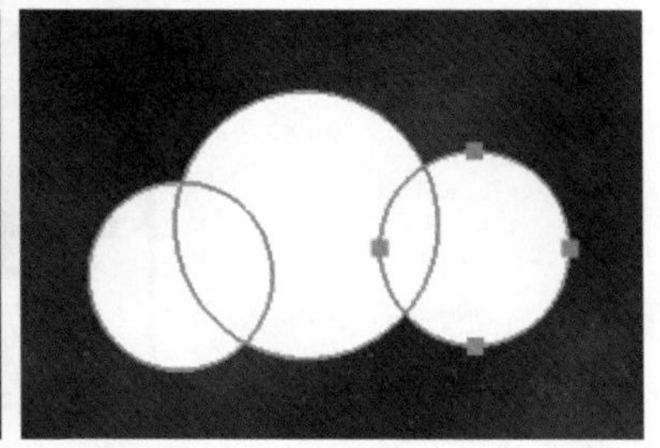
图 4-55　继续合并形状

Step08 在工具栏中保持"路径操作"为"合并形状"，使用"椭圆工具"在画布中单击并拖曳鼠标创建一个 96×96px 的白色正圆形状，如图 4-56 所示。

Step09 在工具栏中保持"路径操作"为"合并形状"，使用"矩形工具"在画布中单击并拖曳鼠标创建一个 240×72px 的白色矩形形状，如图 4-57 所示。

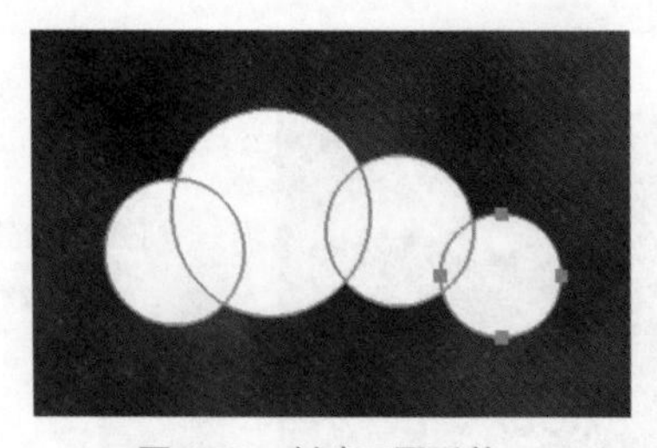
图 4-56　创建正圆形状

图 4-57　创建矩形形状

Step10 单击工具箱中的"路径选择工具"按钮，逐一调整形状位置，形状效果如图 4-58 所示。打开"图层"面板，双击当前的选中图层，在弹出的"图层样式"对话框中选择"斜面和浮雕"选项，设置各项参数如图 4-59 所示。

图 4-58　调整形状位置

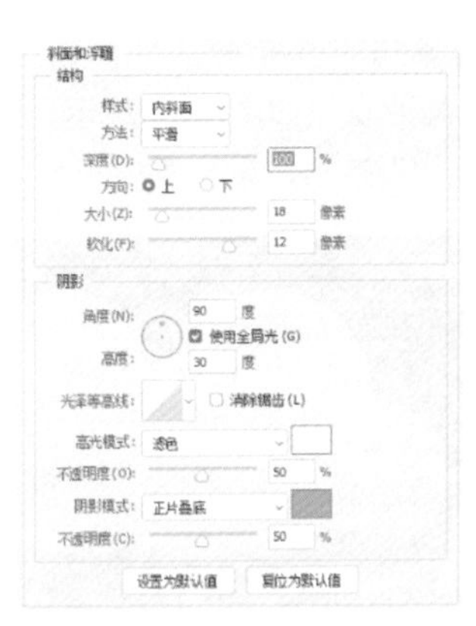

图 4-59　设置各项参数

Step 11 在打开的“图层样式”对话框中选择“内阴影”选项，设置各项参数如图 4-60 所示。继续在打开的“图层样式”对话框中选择“渐变叠加”选项，设置各项参数如图 4-61 所示。

图 4-60　“内阴影”参数

图 4-61　“渐变叠加”参数

Step 12 最后在打开的“图层样式”对话框中选择“投影”选项，设置各项参数如图 4-62 所示。单击“确定”按钮，形状效果如图 4-63 所示。

图 4-62　“投影”参数

图 4-63　图像效果

Step13 单击工具箱中的“椭圆工具”按钮，在画布中单击并拖曳鼠标创建140×140px的正圆形状，如图4-64所示。双击选中图层，在弹出的“图层样式”对话框中选择“渐变叠加”选项，设置各项参数如图4-65所示。

图4-64　创建正圆形

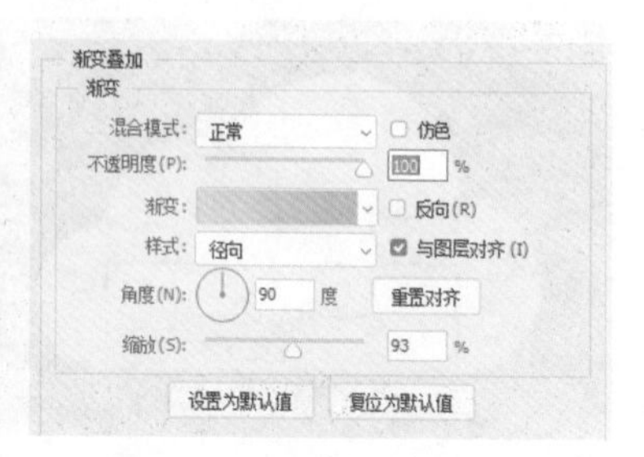

图4-65　“渐变叠加”参数

Step14 单击“确定”按钮，单击工具箱中的“圆角矩形工具”按钮，在画布中单击并拖曳鼠标创建一个圆角矩形形状，如图4-66所示。使用组合键Ctrl+T调出定界框，调整圆角矩形的角度，如图4-67所示。

图4-66　创建形状

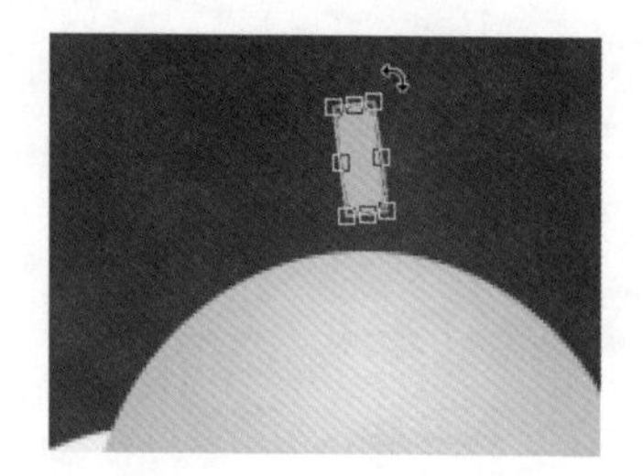

图4-67　调整角度

Step15 按Enter键确认变换操作，形状效果如图4-68所示。使用“移动工具”按住Alt键连续多次复制圆角矩形，并逐一调整圆角矩形的角度，形状效果如图4-69所示。

图4-68　确认操作

图4-69　连续复制形状

Step16 打开“图层”面板，选择多个圆角矩形图层并将其编组。复制图层组，使用组合键Ctrl+T调出定界框，右击，在弹出的快捷菜单中逐一选择“水平翻转”和“垂直翻转”选项，确认操作后的图像效果如图4-70所示。

Step 17 打开“图层”面板，选中“椭圆 2”图层“组 1”图层组和“组 1 拷贝”图层组，将其编组并重命名为“太阳”，调整图层和图层组的顺序，如图 4-71 所示。

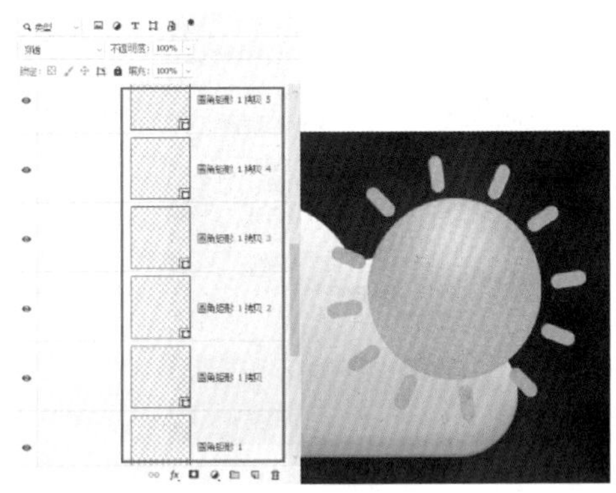

图 4-70　复制图层组

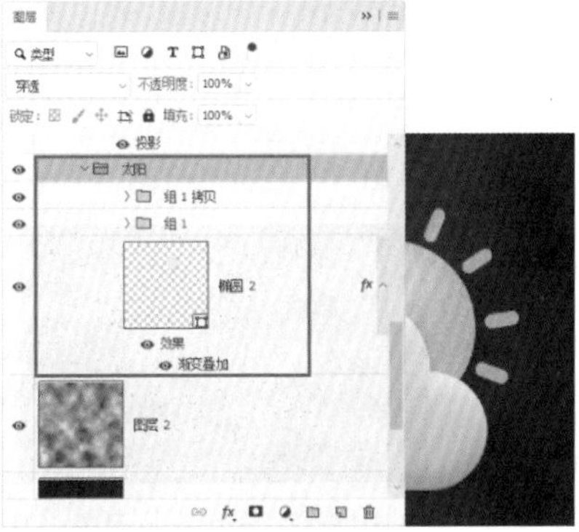

图 4-71　调整图层顺序

Step 18 打开“字符”面板，设置各项字符参数如图 4-72 所示。单击工具箱中的“横排文字工具”按钮，在画布中单击并添加横排文字，如图 4-73 所示。

图 4-72　字符参数

图 4-73　添加文字内容

Step 19 双击选中图层，在弹出的“图层样式”对话框中选择“投影”选项，设置各项参数如图 4-74 所示。单击“确定”按钮，图像效果如图 4-75 所示。使用 Step18 完成文字内容的输入，如图 4-76 所示。

图 4-74　“投影”参数

图 4-75　图像效果

图 4-76　完成文字内容的输入

Step20 使用前面讲解过的方法完成图标和文字的制作，如图4-77所示。制作完成后，天气预报软件界面的图像效果如图4-78所示。

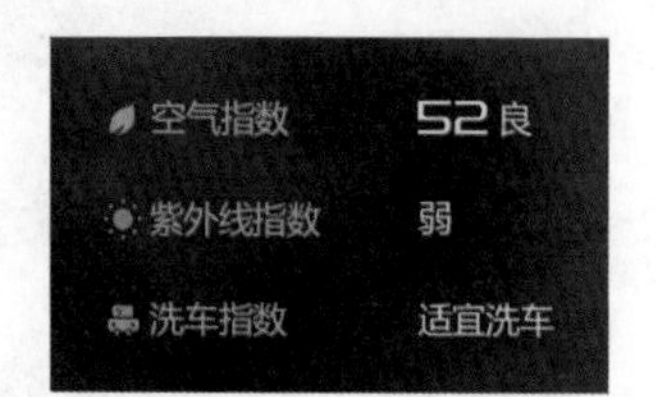

图4-77　完成相似内容

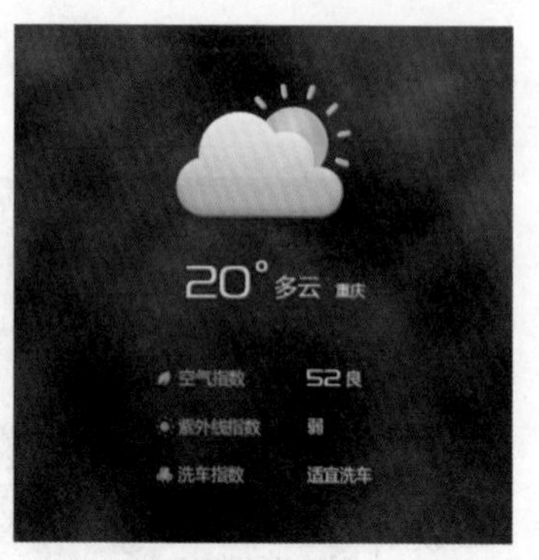

图4-78　图像效果

4.4 游戏软件界面设计

游戏UI就是游戏的用户界面，包括游戏中和游戏前两部分。游戏UI设计师相对而言更受重视一些，程序员一般都会尊重设计师的想法。

因为一般软件用户更注重功能实现的快捷与否，而游戏玩家除此以外，还更多地希望能够获得感官上的享受，因此对视觉和创意的要求比一般软件用户更为挑剔。

4.4.1　游戏UI设计的概念

在计算机科学领域，界面是人与机器交流的一个“层面”，通过这一层面，人可以对计算机发出指令，并且计算机可以将指令的接收、执行结果通过界面即时反馈给使用者，如此循环往复，便形成了人与机器的交互过程，这个承载信息接收与反馈的层面就是人机界面。

☆ 提示

在游戏领域中，玩家与游戏的沟通也是通过界面这一媒介实现的。游戏界面作为人机界面的一种，是玩家与游戏进行沟通的桥梁。

玩家通过游戏界面对游戏中各个环节、功能进行选择，实现游戏视觉和功能的切换，并对游戏角色和进程进行控制，游戏界面则及时反馈玩家在游戏中的状态。

游戏界面的存在不仅联系了游戏与游戏参与者，同时也将游戏者之间以一种特殊的方式连接起来。图4-79所示为精美的游戏UI设计。

图 4-79 精美的游戏 UI

4.4.2 游戏软件界面设计原则

任何设计可以说都是没有固定的规则来遵循的，不过设计师们在长期进行游戏 UI 设计的过程中通过研究与经验的积累探寻出了一些适用于游戏 UI 设计的原则，以下的几条原则是设计师们在进行设计时应该遵循的。

• 设计要简洁

游戏 UI 设计要尽量简洁，目的是便于游戏玩家使用，减少在操作上出现错误。这种简洁性的设计和人机工程学非常相似，也可以说就是同一个方向，都是为了方便人的行为而产生的。在现阶段已经普遍应用于我们生活中的各个领域，并且在未来还会继续拓展。图 4-80 所示为简洁的游戏 UI 设计。

图 4-80 简洁的游戏 UI

• 为玩家着想

游戏 UI 设计的语言要能够代表游戏玩家说话而不是设计者。这里所说的代表，就是把大部分玩家的想法实体化表现出来，主要通过造型、色彩、布局等几个主要方面表达，不同的变化会产生不同的心理感受。

☆ 小技巧：游戏界面中不同用户体验的表现方式

尖锐、红色和交错等因素会为用户带来血腥、暴力、激动、刺激和张扬等情绪，这类适合打击感和比较暴力的游戏；平滑、黑色和屈曲等因素会为用户带来诡异、怪诞和恐怖的气息和氛围；分散、粉红、嫩绿和圆钝等因素，则带给用户可爱、迷你、浪漫的感觉。

各种各样的搭配会系统地引导玩家进行游戏体验，并为玩家的各种新奇想法助力。图 4-81 所示为不同色彩的游戏界面设计带给玩家不同的心理感受。

图 4-81　游戏 UI

• 统一性

游戏 UI 设计的风格、结构必须要与游戏的主题和内容相一致，优秀的游戏界面设计都具备这个特点。

☆ 提示

统一性看上去简单，实则还是比较复杂的，想要统一起来，并不是一件简单的事情，就拿颜色这点来说，就算我只用几个颜色搭配设计界面，也不容易使之统一，因为颜色的比重会对画面产生不同的影响，所以我们会对统一性做出多种统一的方式和方法。

在设计游戏 UI 时如何表现统一性？首先，设计师可以固定一个色版，包括色相、纯度、明度都要确定，还有比例和主次等内容也要明确。

其次，统一界面除了色彩还有控件，这也是一个可以重复利用和统一的最好方式，边框、底纹、标记、按钮、图标等，都是用一致的纹样、结构、设计。

最后，必须统一文字，在界面上是必不可少的，每个游戏只能使用 2 ～ 4 种文字，文字也是游戏中出现频率的方面，过多就不够统一。图 4-82 所示为风格、色彩和文字相统一的游戏 UI 设计。

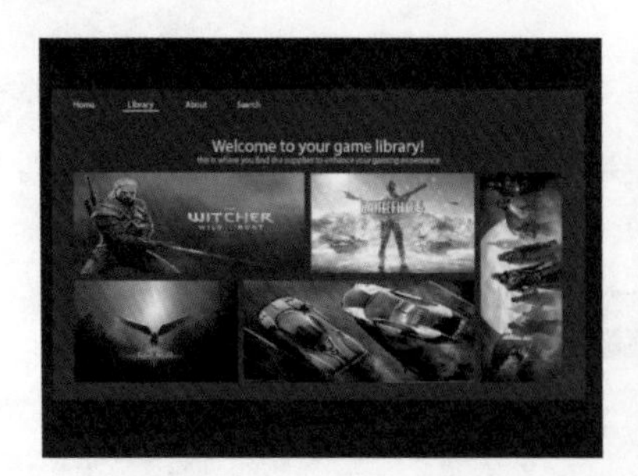

图 4-82　游戏 UI 的统一性

• 清晰度

视觉效果的清晰有助于游戏玩家对游戏的理解，方便游戏玩家对功能的使用。对于移动设备上的游戏来说，为了达到更高的效率和清晰度，需要制作不同的界面美术资源，以达到目的，这也是目前无法解决的硬件与软件的问题。图 4-83 所示为视觉效果清晰的游戏界面设计。

图 4-83　清晰的游戏 UI

• 习惯与认知

游戏界面设计在操作上的难易程度尽量不要超出大部分游戏玩家的认知范围，并且要考虑大部分游戏玩家在与游戏互动时的习惯。

这个部分就要提到游戏人群了，不同的人群拥有不同的年龄特点和时代背景，所接触的游戏也大不相同，这就要游戏设计师提前定位目标人群，把他们可能玩过的游戏做统一整理，分析并制定符合他们习惯的界面认知系统。图 4-84 所示为符合人们习惯认知的游戏界面设计。

图 4-84　符合人们习惯与认知的游戏界面设计

☆练一练——设计制作消除游戏的帮助界面☆

源文件：第 4 章 \ 4-4-2.psd　　　　视频：第 4 章 \ 4-4-2.mp4

微视频

• 案例分析

本案例设计制作一款 App 游戏的帮助界面，帮助界面分为游戏进行时的背景图像和帮助面板两部分。由于此款帮助界面的设定是用户在游戏进行时切换调整而出，所以帮助面板的背景图像是用户正在玩游戏的界面。

为了节省章节篇幅，设计师将游戏进行时的背景图像调整为PNG的素材图像。游戏的帮助面板由底部面板、文字描述和按钮三部分内容组成，案例的制作过程在前面的章节中都有具体的讲解，所以案例制作难度不高。但是用户需要在制作过程中熟练使用“钢笔工具”，可以完美完成帮助面板绘制，图像效果如图4-85所示。

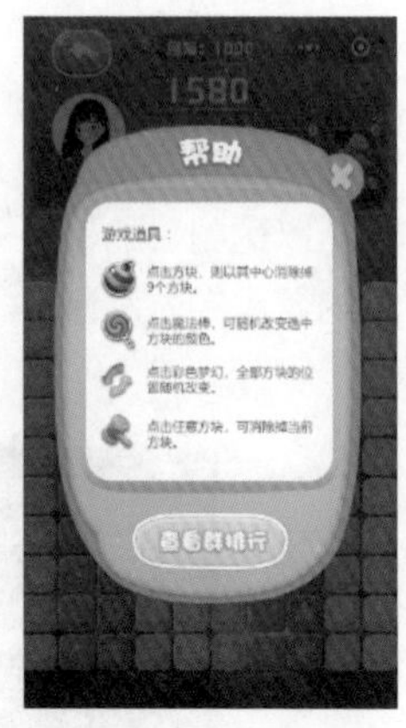

图 4-85　图像效果

• 制作步骤

Step01 执行“文件”→“打开”命令，在弹出的“打开”对话框中选择009.png文件，将其打开，图像效果如图4-86所示。

Step02 单击工具箱中的“钢笔工具”按钮，在画布中连续单击创建形状，如图4-87所示。使用“钢笔工具”在画布中连续单击创建一个不规则的形状，如图4-88所示。

图 4-86　打开图像

图 4-87　创建形状

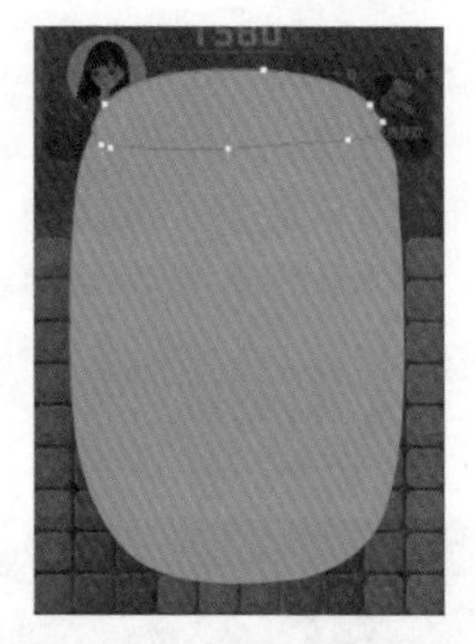
图 4-88　创建不规则形状

Step03 单击工具箱中的“椭圆工具”按钮，在画布中单击并拖曳鼠标创建一个椭圆形状，如图4-89所示。打开“图层”面板，选择刚刚绘制的3个形状图层并将其编组，重命名为“底”。

Step04 双击“底”图层组，在弹出“图层样式”对话框中选择“内发光”选项，设置各项参数如图4-90所示。单击“确定”按钮，“图层”面板如图4-91所示。

Step05 打开“字符”面板，设置字符参数如图4-92所示。单击工具箱中的“横排文字工具”按钮，在画布中单击并添加横排文字，如图4-93所示。

Step06 双击文字图层，在弹出的“图层样式”对话框中选择“描边”选项，设置各项参数如图4-94所示。单击“确定”按钮，单击工具栏中的“创建变形文字”按钮，在弹出的“变形文字”对话框中设置参数，如图4-95所示。

Step07 单击“确定”按钮，文字效果如图4-96所示。使用Step05～Step07完成“帮助”文字的制作，文字效果如图4-97所示。

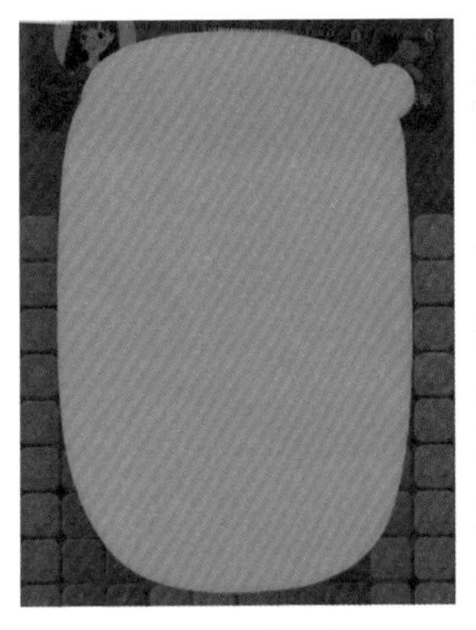

图 4-89 创建椭圆

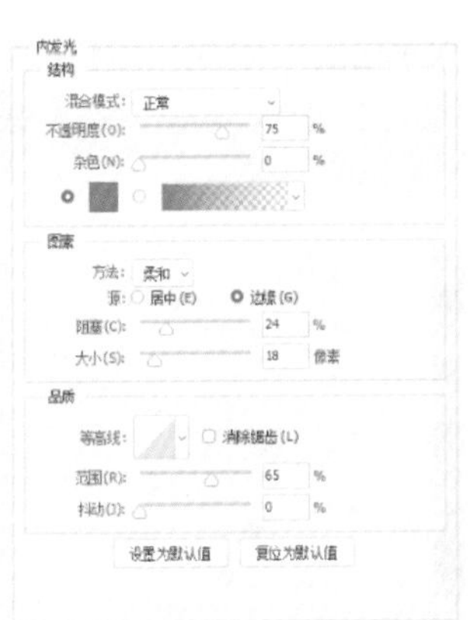

图 4-90 设置参数

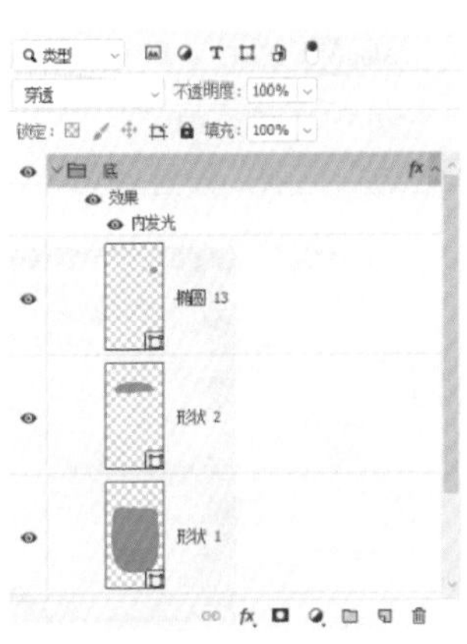

图 4-91 “图层”面板

图 4-92 设置字符参数

图 4-93 添加文字

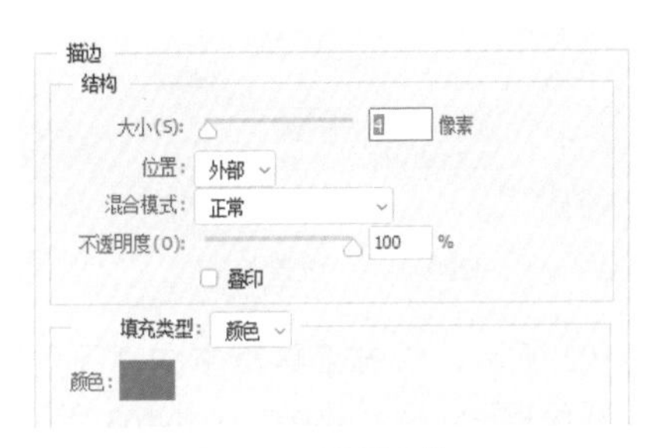

图 4-94 设置参数

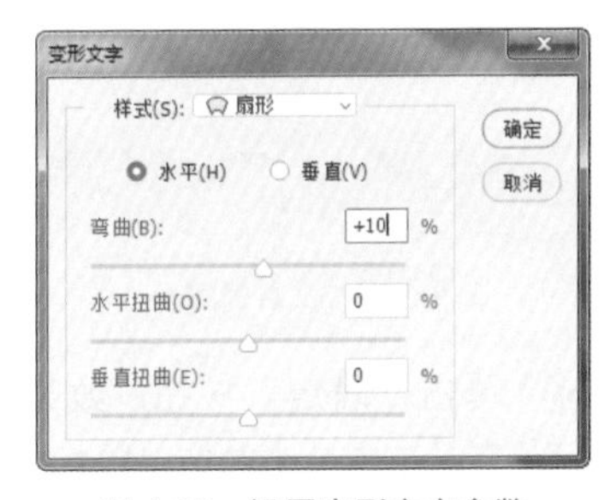

图 4-95 设置变形文字参数

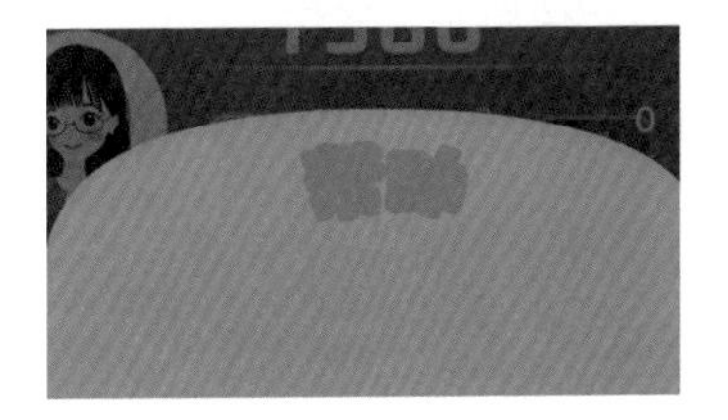

图 4-96 图像效果

图 4-97 完成相似文字内容

Step 08 单击工具箱中的“钢笔工具”按钮，在画布中连续单击创建不规则形状，如图4-98所示。打开“图层”面板，双击形状图层，在弹出的“图层样式”对话框中选择“描边”选项，设置各项参数如图4-99所示。

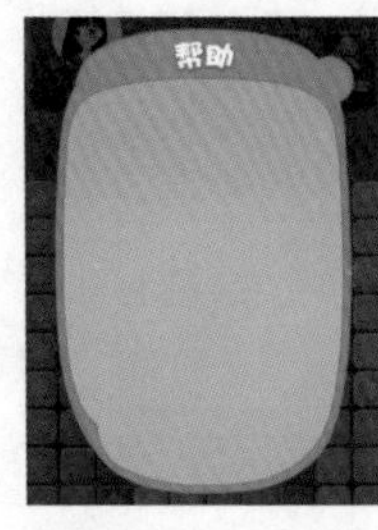

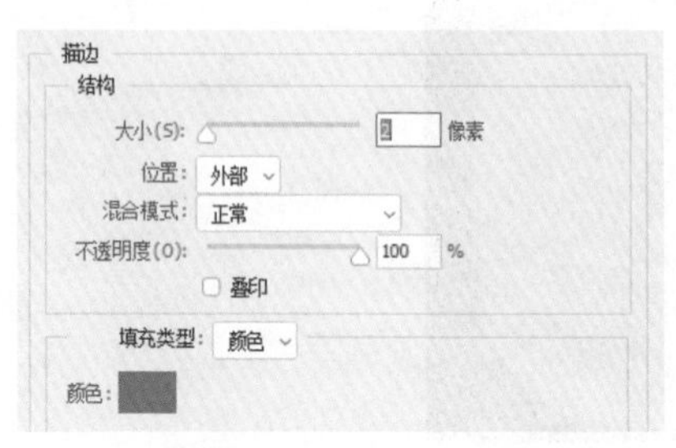

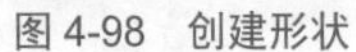
图4-98　创建形状

图4-99　设置“描边”参数

Step 09 继续在打开的“图层样式”对话框中选择“内发光”选项，设置各项参数如图4-100所示。最后在打开的“图层样式”对话框中选择“投影”选项，设置参数如图4-101所示。

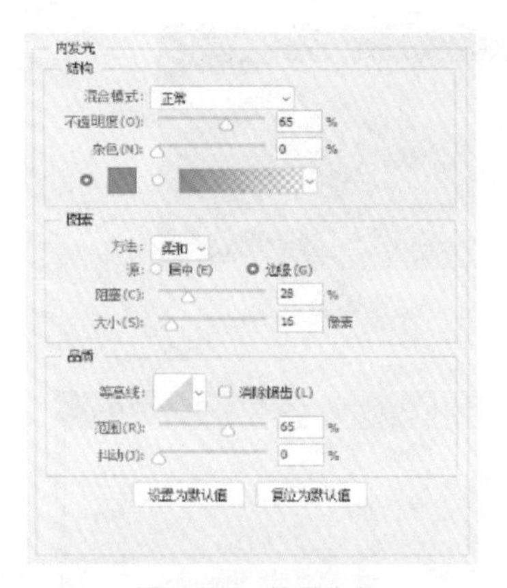

图4-100　设置参数

图4-101　设置参数

Step 10 单击“确定”按钮，效果如图4-102所示。单击工具箱中的“圆角矩形工具”按钮，在画布中单击并拖曳鼠标创建一个圆角矩形，形状效果如图4-103所示。

图4-102　图像效果

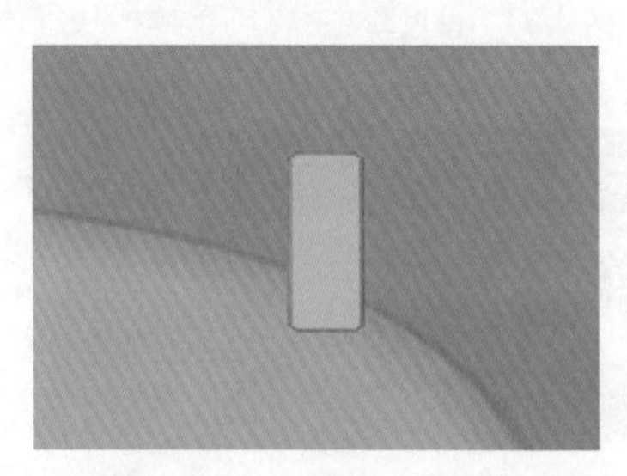

图4-103　创建圆角矩形

Step11 使用组合键 Ctrl+T 键调出定界框，调整形状的角度，如图 4-104 所示。使用 Step11 和 Step12 完成相似形状的制作，如图 4-105 所示。

Step12 选中两个圆角矩形图层将其编组，重命名为“按钮”，双击“按钮”图层组，在弹出的“图层样式”对话框中选择“描边”选项，设置各项参数如图 4-106 所示。

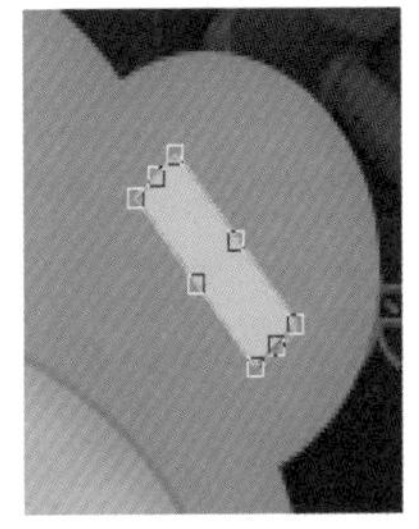

图 4-104 调出定界框

图 4-105 完成相似形状

图 4-106 设置“描边”参数

Step13 设置完成后，图像效果如图 4-107 所示。复制“按钮”图层组，使用“移动工具”向上拖曳鼠标箭头移动图层组。

Step14 在打开的“图层”面板中，将鼠标箭头悬停在图层组上方，右击，在弹出的快捷菜单中选择“清除图层样式”选项，如图 4-108 所示。完成后，图像效果如图 4-109 所示。

图 4-107 图像效果

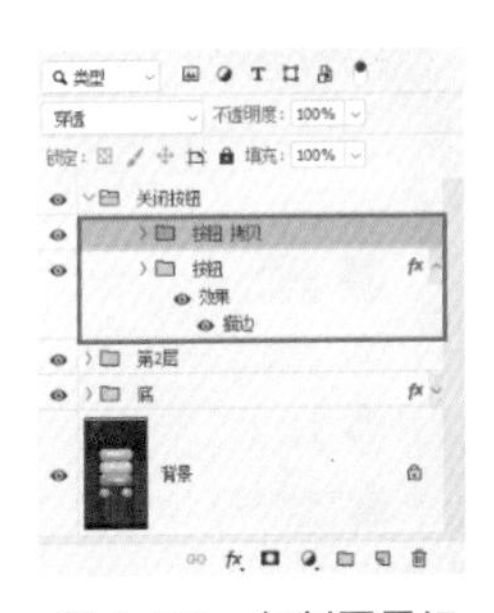

图 4-108 复制图层组

图 4-109 图像效果

Step15 使用 Step08 ～ Step10 完成相似形状的绘制，如图 4-110 所示。打开“字符”面板，设置字符参数如图 4-111 所示。使用“横排文字工具”在画布中单击并添加横排文字，如图 4-112 所示。

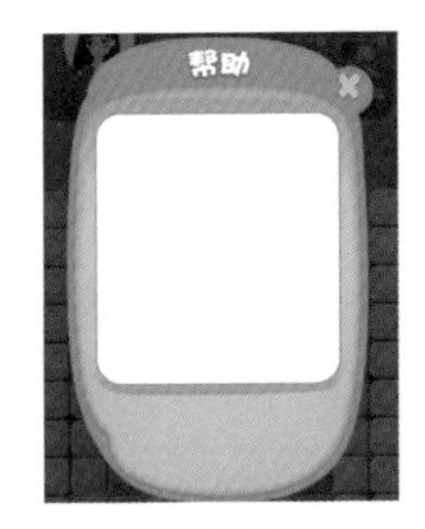

图 4-110 完成相似形状

图 4-111 设置字符参数

图 4-112 添加文字

Step16 执行“文件”→“打开”命令，在弹出的“打开”对话框中选择 010.png 文件，将其打开。使用“移动工具”将其拖曳到设计文档中，图像效果如图 4-113 所示。

Step17 双击图层，在弹出的“图层样式”对话框中选择“投影”选项，设置参数如图 4-114 所示。单击“确定”按钮，打开“字符”面板，设置字符参数如图 4-115 所示。

图 4-113 添加素材图像

图 4-114 设置“投影”参数

图 4-115 设置字符参数

Step18 使用“横排文字工具”在画布中单击并添加横排文字，如图 4-116 所示。使用 Step16 ～ Step18 完成相似内容的制作，如图 4-117 所示。使用 Step02 ～ Step06 完成“查看群排行”按钮的制作，完整的游戏帮助界面如图 4-118 所示。

图 4-116 添加文字内容

图 4-117 完成相似内容

图 4-118 图像效果

4.5 举一反三——设计制作“天气助手”界面

微视频

源文件：第 4 章 \ 4-5-1.psd　　　　视频：第 4 章 \ 4-5-1.mp4

通过学习本章的相关知识点，读者应该掌握了各种应用软件界面的设计要求和设计原则。下面读者利用所学知识和经验，完成一款天气软件“天气助手”界面的制作。

Step01 新建一个透明文档，设置文档的各项参数，如图 4-119 所示。

Step 02 使用“圆角矩形工具”“多边形工具”和“椭圆工具”创建形状，完成背景的绘制，如图 4-120 所示。

图 4-119　新建文档

图 4-120　制作背景

Step 03 添加一张素材图像，使用“椭圆工具”连续创建形状，形状的透明度向下递减，如图 4-121 所示。

Step 04 使用“横排文字工具”添加文字内容，使用“自定义形状工具”和“椭圆工具”，完成“定位”图标的创建，如图 4-122 所示。

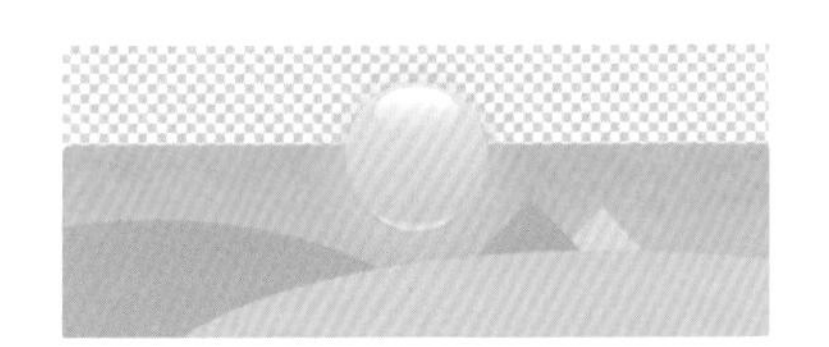

图 4-121　连续创建形状

图 4-122　添加文字内容、创建“定位”图标

4.6 本章小结

软件界面设计是 UI 设计的重要组成部分，它是用户和某些系统功能进行交互的集合，这些系统不仅仅指计算机程序，还包括特定的机器、设备和复杂的工具等。在本章中向读者详细介绍了软件界面设计的相关知识，包括 Web 应用软件和计算机应用软件，并通过实例的练习制作，使读者能够快速掌握软件界面设计的方法。

第 5 章 App 软件界面设计

本章主要内容

随着科技的不断发展，手机设计越来越趋向于多元化、人性化，消费者对手机的功能要求也越来越多，于是越来越多的 App 应用软件层出不穷。在本章中将向读者介绍有关 App 软件界面的设计要点和设计方法，通过本章内容的学习，读者能够了解 App 软件的相关知识并且能够掌握 App 软件界面的设计方法。

5.1 了解移动端 App 软件

App 简单来说就是安装在智能手机或平面电脑上的第三方应用程序。一个优秀的 App 软件界面设计，既要从产品的实际需要出发，又要能够紧紧围绕用户体验，从而确保制作出的 App 软件应用富有实用性并且具有良好的视觉效果。

5.1.1 App 软件的由来

随着智能手机和平板电脑等移动设备的发展壮大，大众对于移动端 App 软件的需求越来越多，于是手机移动操作系统厂商都不约而同地建立手机设备应用程序市场，例如 Apple 的 App Store、Google 的 Android Market、Microsoft 的小米应用商店等，给智能移动设备的终端用户带来巨量的应用软件。图 5-1 所示为 iOS 的 App Store、小米的应用商店和华为的应用商店。

图 5-1 不同手机开发商的应用商店图标

5.1.2 App 软件的概念

App 的英文全称为 Application，在智能手机与平板电脑领域中，App 指的是安装在智能移动设备中的应用程序。App 也可以称为是智能手机和平板电脑的软件客户端，也可以称为 App 客户端。图 5-2 所示为苹果（iOS）系统的 App Store 界面，图 5-3 所示为可应用于安卓（Android）系统的 App 应用程序。

图 5-2 App Store 界面

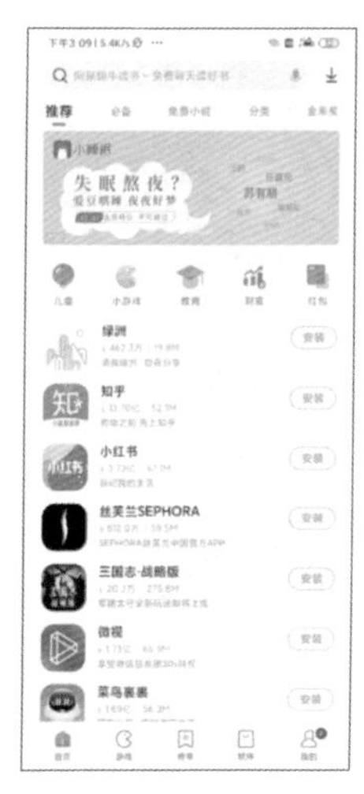

图 5-3 App 应用程序

每一个 App 图标代表一个 App 软件客户端。这些 App 都是为了达到一个特定的用途而创造出来的，例如常用的手机分享软件“微博”、聊天软件“微信”、社交软件“QQ空间”等，如图 5-4 所示。

图 5-4　App 图标

5.2 移动端操作系统

智能手机与平板电脑的操作系统有许多种，但是目前在智能手机和平板电脑中应用最为广泛的操作系统主要是 Android 和 iOS 两种。

5.2.1　Android 系统

Android 操作系统最初由 Andy Rubin 开发，主要支持手机。2005 年 8 月由 Google 收购注资。2007 年 11 月，Google 与 84 家硬件制造商、软件开发商及电信营运商组建开放手机联盟共同研发改良 Android 系统，其后于 2008 年 10 月，发布了第一部 Android 智能手机。图 5-5 所示为使用 Android（安卓）系统的智能手机和平板电脑。

图 5-5　使用 Android 系统的手机与平板电脑

☆ 提示

目前全球 Android 月活跃用户已经超过 20 亿，但这并不包括中国大陆的定制“安卓”设备，在全球智能手机操作系统市场上所占份额约为 80%。

5.2.2 iOS

iOS 系统最初是为 iPhone 手机设计使用的，iPhone 手机在市场上一推出便大获成功，于是，苹果公司陆续推出了 iPod touch、iPad 和 Apple TV 等产品，如图 5-6 所示。并且全部都使用 iOS 系统，iOS 系统也是目前苹果公司推出的手持移动设备的唯一操作系统。

图 5-6 使用 iOS 系统的手机与平板电脑

☆ 提示

iOS 系统具有简单易懂的界面、令人惊叹的功能，以及超强的稳定性，这些性能已经成为 iPhone、iPad 和 iPod touch 的强大基础。

5.3 移动端设备屏幕尺寸

App 软件是应用于智能手机或平板电脑中的，在对 App 软件界面进行设计之前，首先必须了解手机屏幕的尺寸标准，如手机的尺寸、分辨率等，这样可以避免所设计的 App 软件界面尺寸错误而导致所在手机中显示不正常的情况。

5.3.1 Android 手机屏幕尺寸

目前除苹果以外大多数智能手机都使用 Android 系统，Android 手机屏幕常见尺寸参数如表 5-1 所示。

表 5-1　Android 系统手机屏幕常见尺寸

	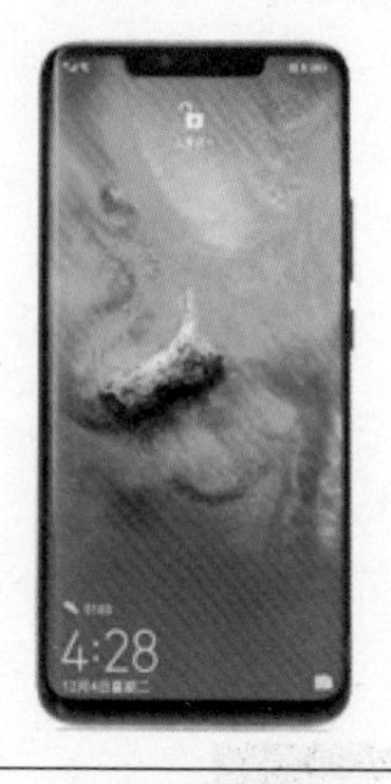	
名称：OPPO R17 Pro 操作系统：ColorOS 5.2（基于 Android 8.1） 主屏尺寸：6.4 英寸 主屏分辨率：2340×1080px 屏幕像素密度：402ppi	名称：华为 Mate 20 Pro 操作系统：EMUI 9.0（基于 Android 9.0） 主屏尺寸：6.39 英寸 主屏分辨率：3120×1440px 屏幕像素密度：538ppi	名称：vivo iQOO 操作系统：Funtouch OS 9（基于 Android 9.0） 主屏尺寸：6.41 英寸 主屏分辨率：2340×1080px 屏幕像素密度：402ppi

名称：三星 Galaxy S10 操作系统：Android 9.0 主屏尺寸：6.1 英寸 主屏分辨率：3040×1440px 屏幕像素密度：551ppi	名称：小米 9 操作系统：MIUI 10（基于 Android 9.0） 主屏尺寸：6.39 英寸 主屏分辨率：2340×1080px 屏幕像素密度：403ppi	名称：三星 Galaxy S10 操作系统：Android 9.0 主屏尺寸：6.1 英寸 主屏分辨率：3040×1440px 屏幕像素密度：551ppi

制作 Android 系统设计稿时，一般采用 1080×1920px 的主流尺寸，因为此款主流尺寸方便适配，图 5-7 所示为主流尺寸的图像效果。

图 5-7 主流尺寸

☆练一练——制作购物 App 的顶部和 banner ☆

视频：第 5 章 \ 5-3-1.mp4　　　　源文件：第 5 章 \ 5-3-1.psd

微视频

• 案例分析

本案例是设计制作一个购物 App 的顶部和 banner，界面背景为白色，搭配黑色的状态栏和导航栏，给用户的感觉是页面非常的整洁。接下来是紫色的 banner 图，在白色背景衬托下，可以很好地抓住浏览者的视线。

页面制作过程轻松简单，用户在还原案例时，只需要注意尺寸和图层顺序的问题。如图 5-8 所示为案例的最终效果。

图 5-8 图像效果

• 制作步骤

Step01 打开 Photoshop CC 软件，单击欢迎面板中的“新建”按钮，在弹出的“新建文档”对话框中设置各项参数如图 5-9 所示。

Step02 执行“文件”→“打开”命令，在打开的对话框中选择素材图像，将打开的素材图像拖曳到设计文档中，如图 5-10 所示。

图 5-9 新建文档

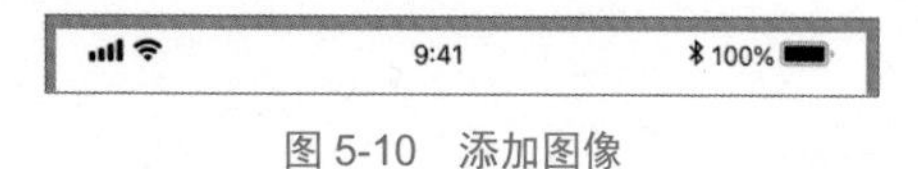

图 5-10 添加图像

☆ 提示

因为案例的制作过程有限，所以界面中的状态栏图标采用了透底的 png 图片，将不再为用户展示状态栏图标的制作过程和方法。

Step 03 单击工具箱中的“圆角矩形工具”按钮，在画布中单击并拖曳鼠标创建一个 18×18px 的圆角矩形形状，设置圆角矩形的填充颜色为无，描边颜色为 RGB（58，58，58），描边大小为 3px，圆角半径为 3px，形状效果如图 5-11 所示。

Step 04 单击工具箱中的“路径选择工具”按钮，在画布中向任意方向拖曳鼠标箭头，连续复制圆角矩形形状。在选项栏中修改“路径操作”为“合并形状”，如图 5-12 所示，使用“直线工具”在画布中连续单击并拖曳鼠标创建直线形状，如图 5-13 所示。

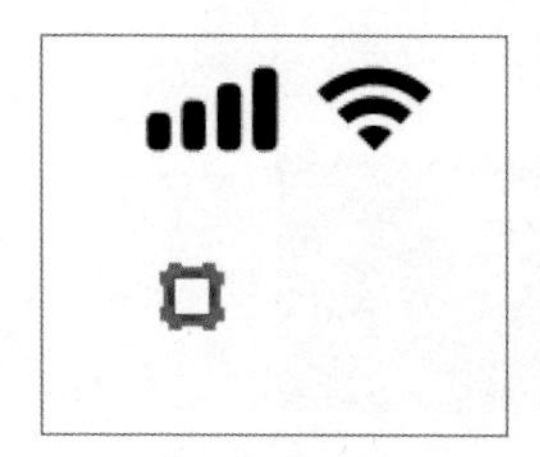

图 5-11 创建圆角矩形

图 5-12 合并形状

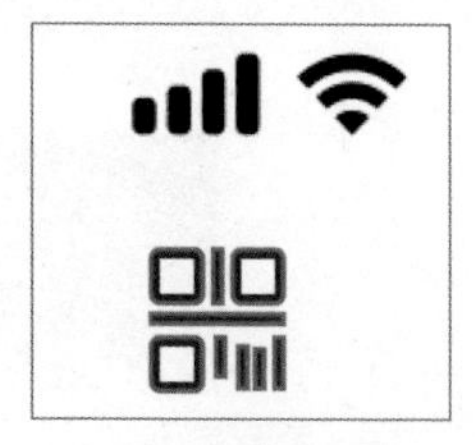

图 5-13 绘制直线

☆ 提示

用户要注意，因为步骤中绘制的是一个完整的图标，所以在第一个圆角矩形绘制过后，选择“合并形状”的路径操作，接着绘制任何形状，“路径操作”一直保持为“合并形状”选项，这样绘制完成后，所有形状将在一个图层中。

Step05 打开“字符”面板，设置字符参数如图 5-14 所示。使用“横排文字工具”在画布中单击并添加横排文字，如图 5-15 所示。将形状图层和文字图层编组，重命名为“会员码”。

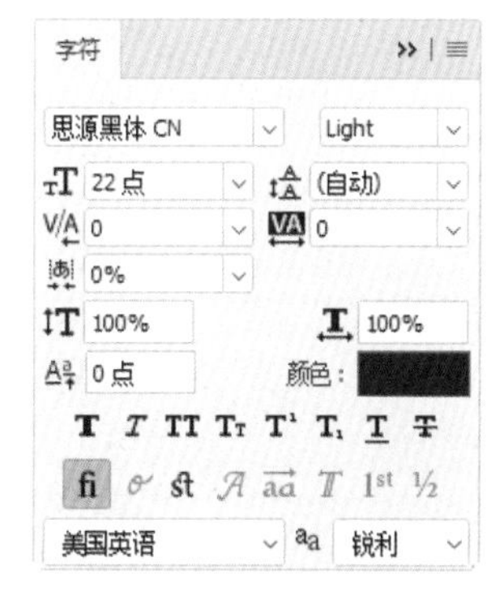

图 5-14 设置字符参数

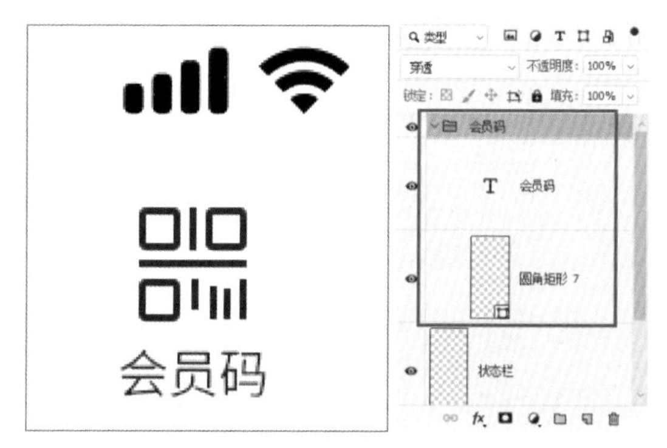

图 5-15 添加文字内容

Step06 使用 Step03 ～ Step05，完成“送至地址”和“扫一扫”图层组的绘制，图标效果如图 5-16 所示。打开“图层”面板，如图 5-17 所示。

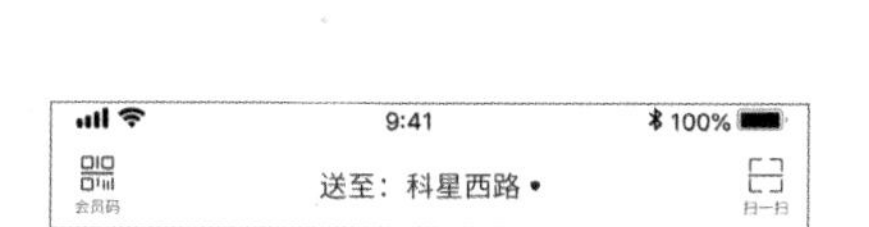

图 5-16 完成图层组的绘制

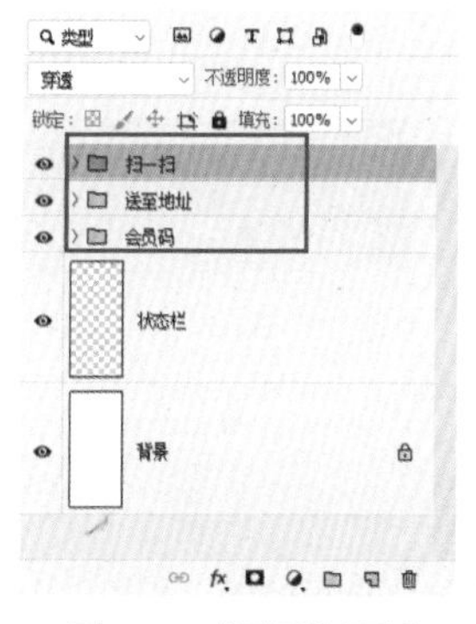

图 5-17 “图层”面板

Step07 单击工具箱中的“圆角矩形工具”按钮，在画布中单击并拖曳鼠标创建一个圆角半径为 49px 的圆角矩形形状，填充颜色为 RGB（237，237，237），如图 5-18 所示。使用“椭圆工具”和“矩形工具”在画布中创建“搜索”图标，如图 5-19 所示。

图 5-18 创建圆角矩形

图 5-19 创建“搜索”图标

Step 08 打开“字符”面板，设置字符参数如图 5-20 所示。使用“横排文字工具”在画布中输入横排文字，如图 5-21 所示。将形状图层和文字图层编组，重命名为“搜索框”。

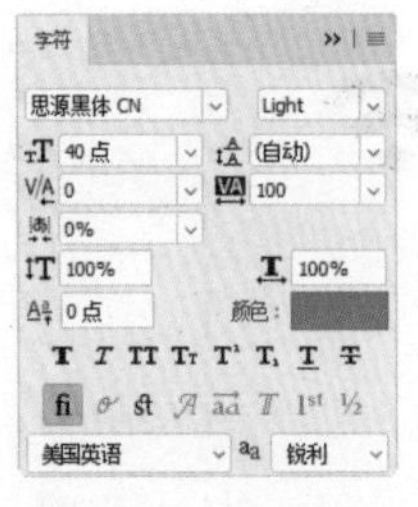

图 5-20　字符面板

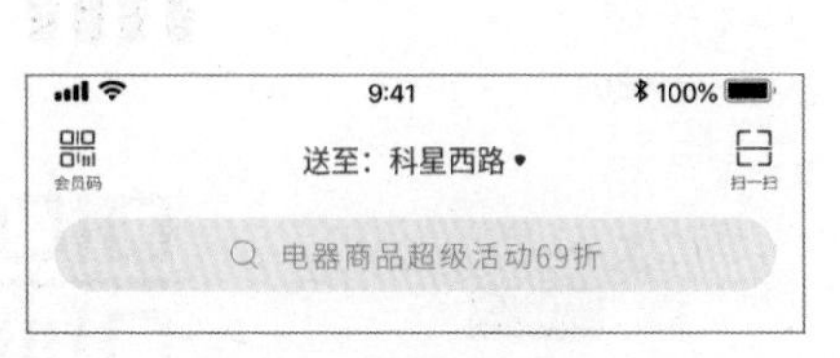

图 5-21　添加文字内容

Step 09 执行“文件”→“打开”命令，打开一张素材图像，将其拖曳到设计文档中，如图 5-22 所示。使用“钢笔工具”在画布中连续单击创建不规则形状，填充颜色为 RGB（164，57，224），如图 5-23 所示。

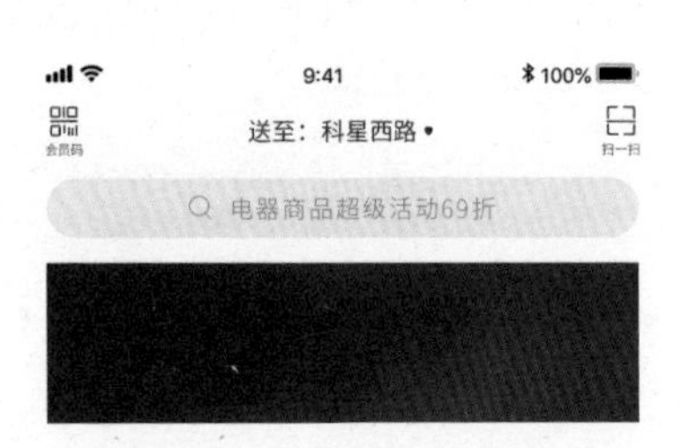

图 5-22　添加素材图像

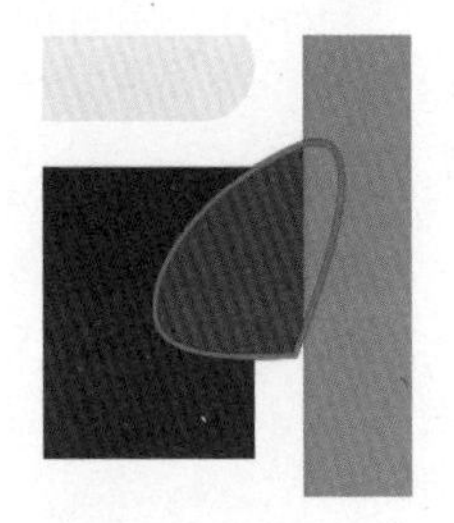
图 5-23　绘制形状

Step 10 执行“文件”→“打开”命令，打开一张素材图像，将其拖曳到设计文档中。调整到合适位置，打开“图层”面板，在选中的图层上方右击，弹出快捷菜单并选择“创建剪贴蒙版”选项，如图 5-24 所示。

Step 11 选中多个图层，单击图层面板底部的“创建新组”按钮。选中图层组继续单击“添加矢量蒙版”按钮，使用“矩形选框工具”在图层蒙版中拖曳创建选区，如图 5-25 所示。

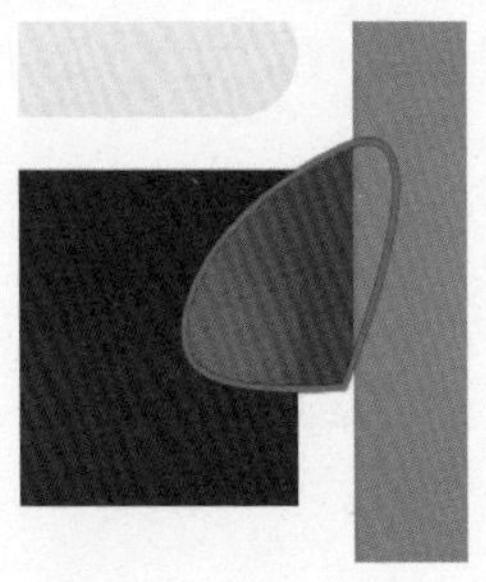
图 5-24　添加素材图像

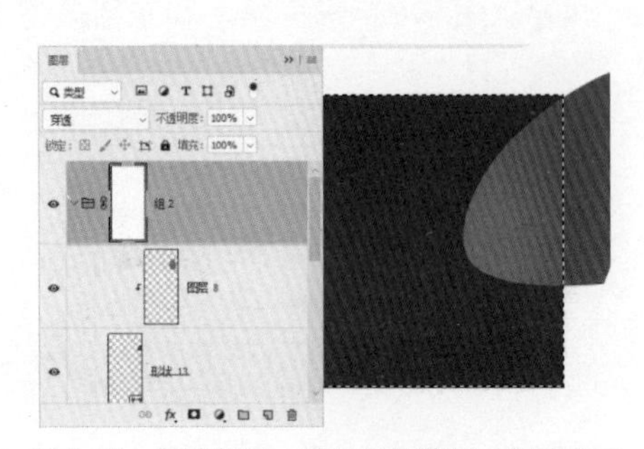
图 5-25　创建新组→添加矢量蒙版→创建选区

Step12 执行“选择”→“反向”命令，单击工具箱中的“油漆桶工具”按钮，在选区中单击填充黑色，如图 5-26 所示。完成后，“图层”面板如图 5-27 所示。

图 5-26 填充黑色

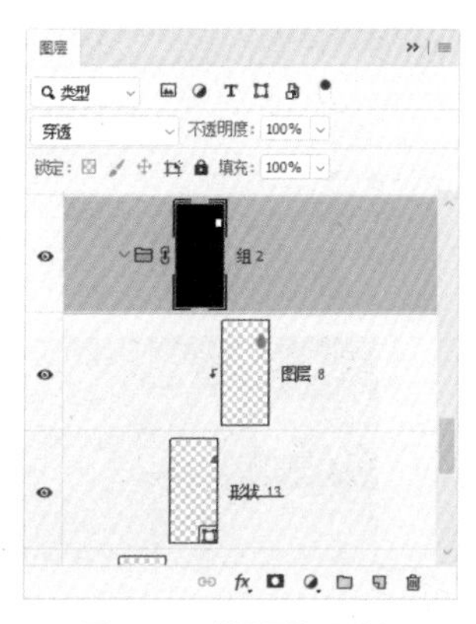

图 5-27 “图层”面板

Step13 执行“文件”→“打开”命令，打开一张素材图像。将打开的气球图像拖曳到设计文档中，如图 5-28 所示。再次打开一张素材图像，拖曳到设计文档中后，修改“混合模式”为“柔光”选项，为其添加剪贴蒙版，如图 5-29 所示。

图 5-28 添加素材图像

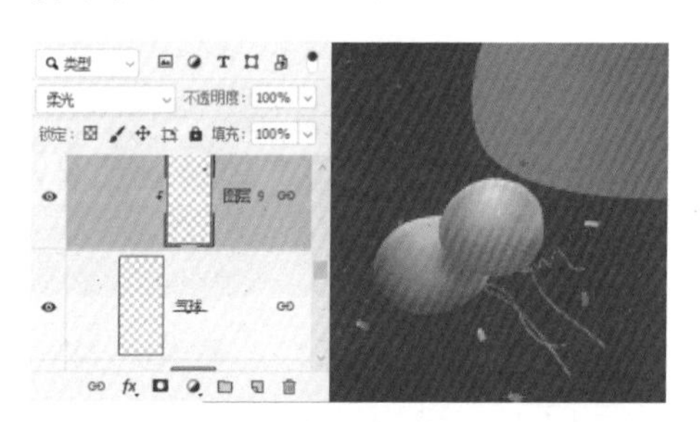

图 5-29 修改混合模式

Step14 使用 Step13 完成相似图像的制作，图像效果如图 5-30 所示。打开“字符”面板，设置字符参数，设置文字颜色为 RGB（174，21，172），如图 5-31 所示。

图 5-30 完成相似内容制作

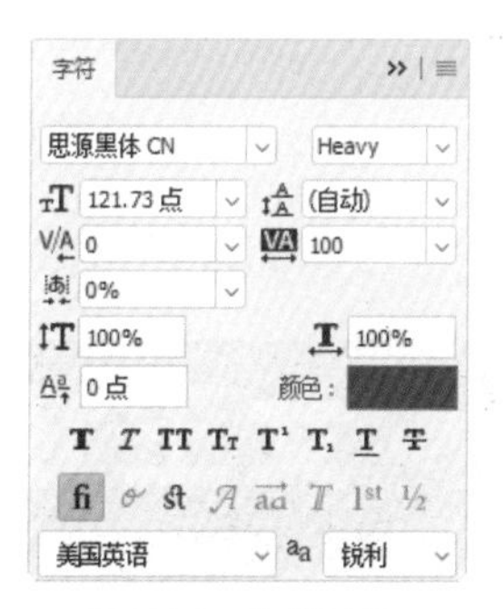

图 5-31 字符面板

Step 15 使用“横排文字工具”在画布中单击并输入横排文字，效果如图 5-32 所示。使用“移动工具”并按住 Alt 键向右拖曳鼠标箭头，复制文字，调整文字的颜色和大小，文字效果如图 5-33 所示。

图 5-32　添加文字内容

图 5-33　复制文字图层

Step 16 使用“圆角矩形”和“横排文字工具”完成“狂欢查看详情”按钮的绘制，如图 5-34 所示。完成后，将多个图层组编组并重命名为 banner1，“图层”面板如图 5-35 所示。

图 5-34　完成相似内容

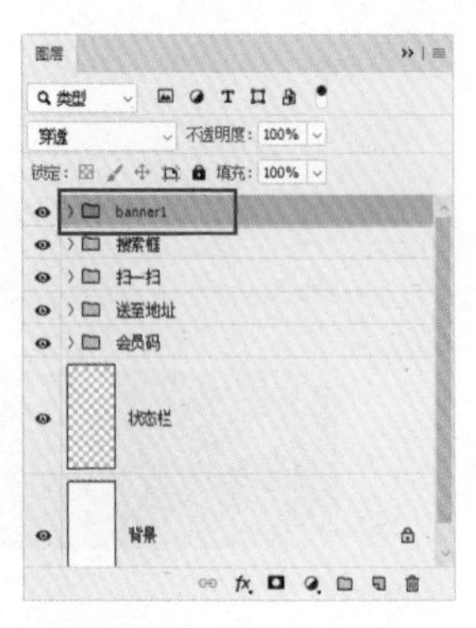

图 5-35　“图层”面板

5.3.2 iOS 手机屏幕尺寸

iOS 系统的英文全称为 iPhone Operation System，是目前苹果公司推出的手持移动设备的唯一操作系统，主要应用在苹果公司的 iPhone 手机和 iPad 中。iOS 手机屏幕常见尺寸参数如表 5-2 所示。

表 5-2 iOS 系统手机屏幕常见尺寸

名称：iPhone 6/7/8 操作系统：iOS 11 主屏尺寸：4.7 英寸 主屏分辨率：1334×750px 屏幕像素密度：326ppi	名称：iPhone 6/7/8 Plus 操作系统：iOS 11 主屏尺寸：5.5 英寸 主屏分辨率：1920×1080px 屏幕像素密度：401ppi	名称：iPhone X/XS 操作系统：iOS 11/iOS 12 主屏尺寸：5.8 英寸 主屏分辨率：2436×1125px 屏幕像素密度：458ppi

现如今市场上 iPhone 手机机型有很多，为了方便上下适配这些机型，设计师在为不同机型设计 App 界面时，要以 iPhone 6 的屏幕尺寸为标准去设计，图 5-36 所示为主流尺寸的图像效果。

图 5-36 主流尺寸

微视频

☆练一练——制作监测软件的上半部分界面☆

源文件：第 5 章 \ 5-3-2.psd　　　　视频：第 5 章 \ 5-3-2.mp4

• 案例分析

本案例是设计制作一款监测 App 界面的上半部分，界面上半部分包括了界面状态栏、导航栏和界面内容中的人物介绍。

内容部分采用了紫色作为背景色，使得界面低调神秘，也容易吸引浏览者的注意力。头像、人物 ID 文字和简介文字按自然顺序规律地进行排列，两种文字信息以不同的字号进行了区分。案例的最终效果如图 5-37 所示。

图 5-37　图像效果

• 制作步骤

Step 01 打开 Photoshop CC 软件，单击欢迎面板中的“新建”按钮，在弹出的对话框中设置各项参数如图 5-38 所示。在画布中依照 iOS 各个控件的规范尺寸创建参考线，如图 5-39 所示。

图 5-38　新建文档

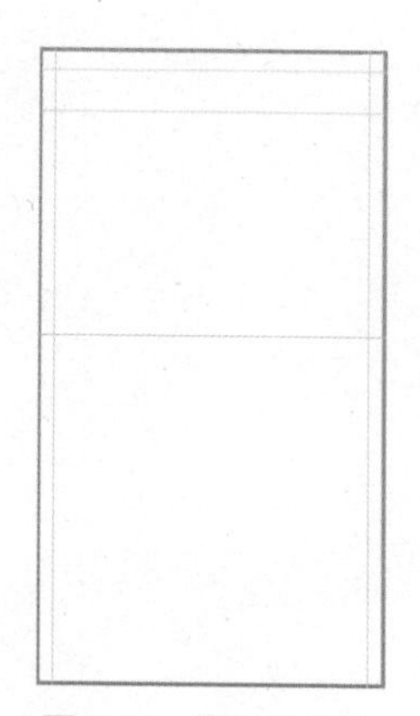

图 5-39　添加参考线

☆ 提示

在 Photoshop CC 中添加参考线，可以执行“视图”→“新建参考线”命令，在弹出的“新建参考线”对话框中设置参数。也可以使用组合键 Ctrl+R 调出标尺，使用“移动工具”从标尺处向下或者向右拖曳，创建参考线。

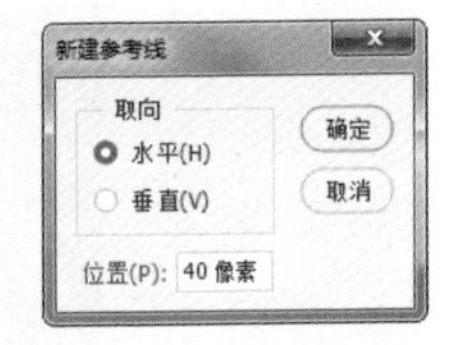

Step02 执行“文件”→“打开”命令，打开一张素材图像，单击工具箱中的“裁切工具”按钮，设置图像裁剪大小为 750×1334px，如图 5-40 所示。

图 5-40 打开素材图像并裁切

Step03 单击工具栏中的“提交当前裁剪操作”按钮，确认裁剪操作。使用“移动工具”将素材图像拖曳到设计文档中，如图 5-41 所示。新建图层，使用“油漆桶工具”在画布中单击填充黑色，修改图层不透明度为 80%，如图 5-42 所示。

Step04 使用“矩形工具”在画布中单击拖曳创建矩形形状，设置填充颜色为 RGB（186，119，255），形状效果如图 5-43 所示。

图 5-41 添加图像

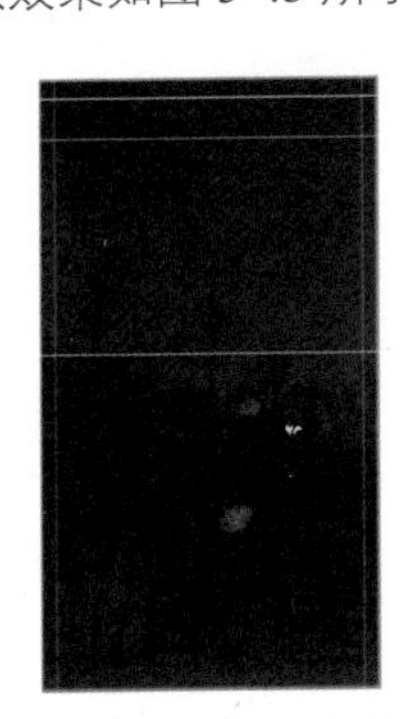

图 5-42 设置遮罩

图 5-43 创建矩形

Step05 执行“文件”→“打开”命令，打开一张素材图像，使用“移动工具”将其移入到设计文档中，如图 5-44 所示。打开“字符”面板，设置字符参数如图 5-45 所示。

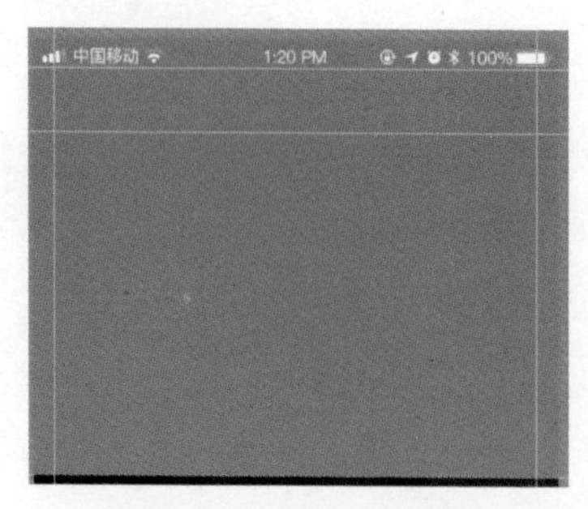

图 5-44　添加素材图像

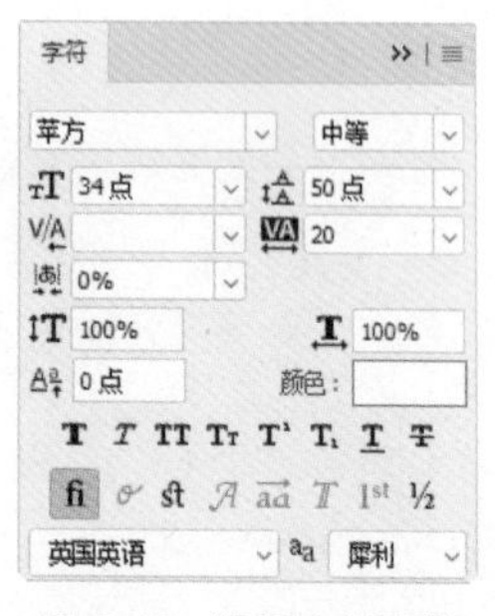

图 5-45　设置字符参数

Step 06 使用“横排文字工具”在画布中单击并输入横排文字，如图 5-46 所示。单击工具箱中的“矩形工具”按钮，在画布中单击并拖曳鼠标创建矩形形状。在工具栏中的“路径操作”中选择“合并形状”，再次使用“矩形工具”在画布中连续拖曳创建矩形形状，如图 5-47 所示。

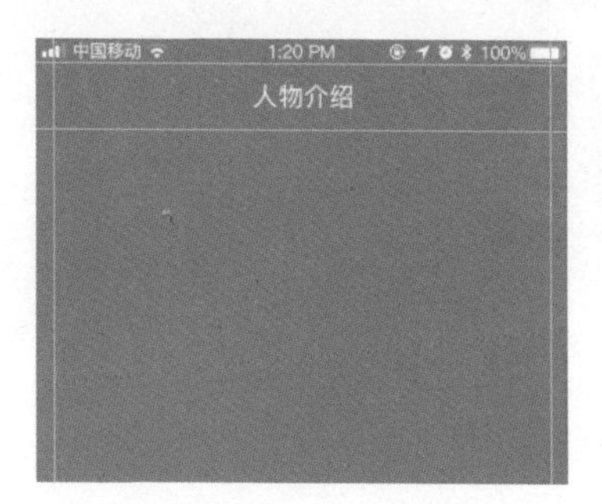

图 5-46　添加文字内容

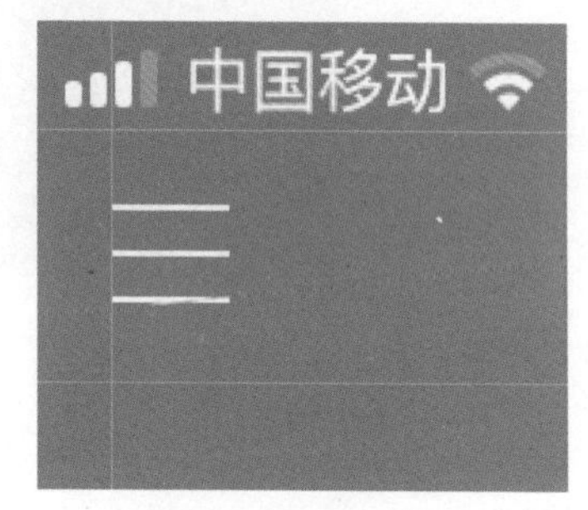

图 5-47　创建图标

Step 07 单击工具箱中的“钢笔工具”按钮，在画布中连续单击创建白色不规则形状，如图 5-48 所示。使用“路径选择工具”并按住 Alt 键向任意方向拖曳，复制形状并调整形状的大小，在工具栏中修改“路径操作”为“减去顶层形状”，如图 5-49 所示。

图 5-48　创建形状

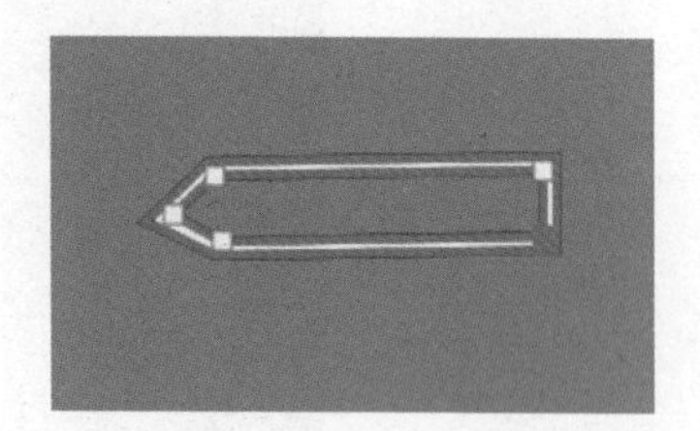

图 5-49　复制不规则形状

Step 08 单击工具箱中的“矩形工具”按钮，在工具栏的“路径操作”中选择“合并形状”，在画布中单击并拖曳鼠标绘制矩形形状，如图 5-50 所示。

Step 09 使用组合键 Ctrl+T 调出定界框，调整组合形状的角度。在工具栏的“路径操作”中选择“合并形状”，使用“矩形工具”在画布中单击并拖曳鼠标创建矩形形状，图标效果如图 5-51 所示。

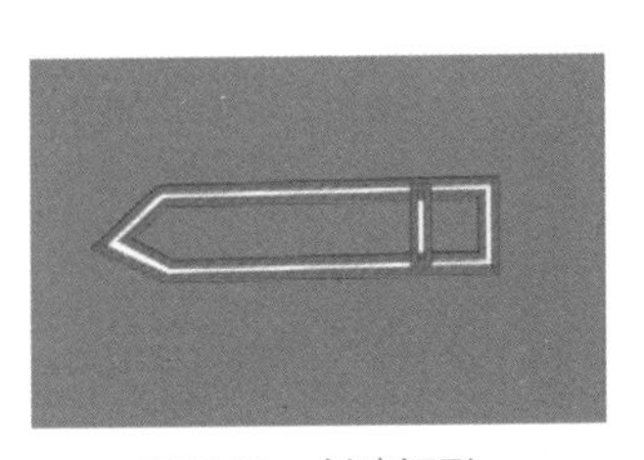
图 5-50　创建矩形

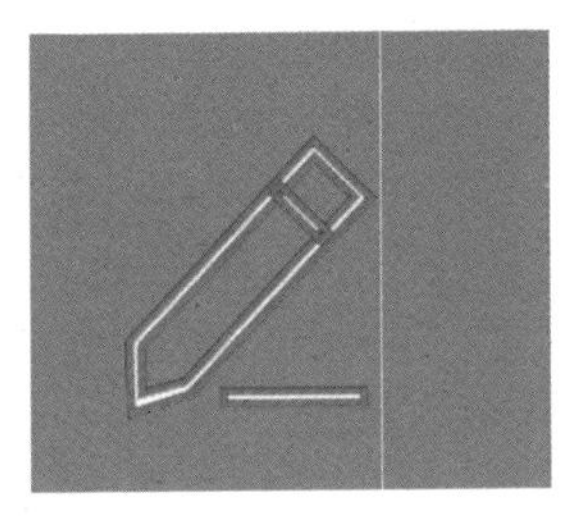
图 5-51　创建形状

Step10 使用“椭圆工具”在画布中单击并拖曳鼠标创建一个正圆形状，形状效果如图 5-52 所示。执行“文件”→“打开”命令，打开一张素材图像，使用“移动工具”将其拖曳到设计文档中，为其添加剪贴蒙版命令，如图 5-53 所示。

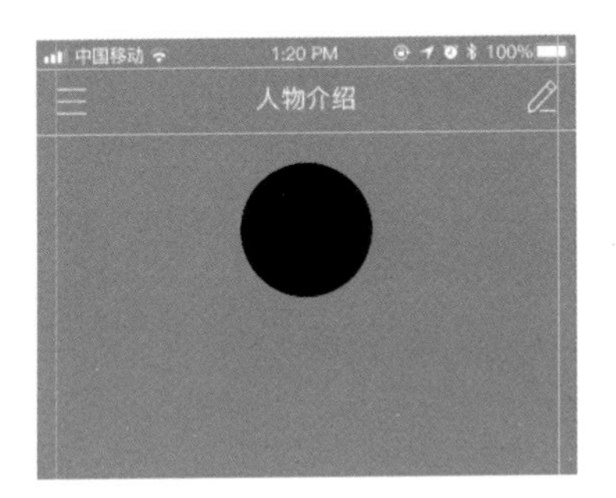

图 5-52　创建正圆形

图 5-53　添加素材图像

Step11 打开“字符”面板，设置字符参数如图 5-54 所示。使用“横排文字工具”在画布中单击输入横排文字，如图 5-55 所示。

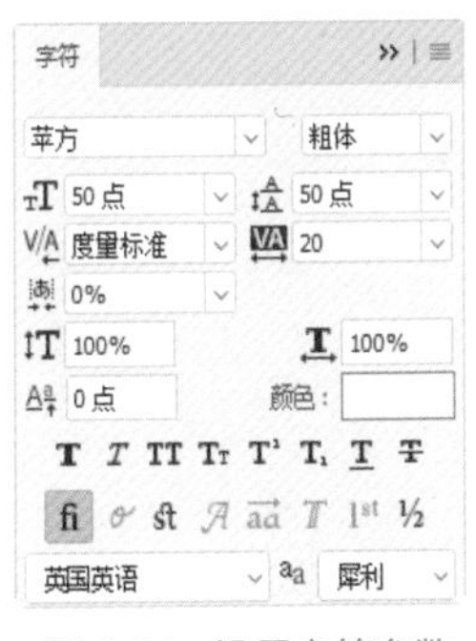

图 5-54　设置字符参数

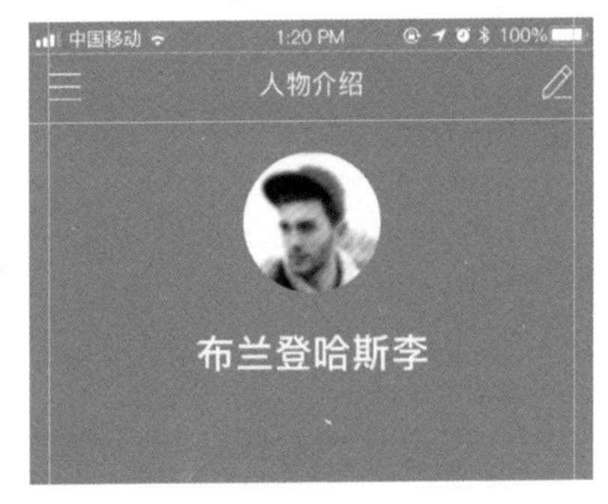

图 5-55　添加文字内容

Step12 使用 Step11 完成其他文字内容的输入，如图 5-56 所示。将相关图层编组，重命名为“上”图层组，“图层”面板如图 5-57 所示。

图 5-56　完成相似内容

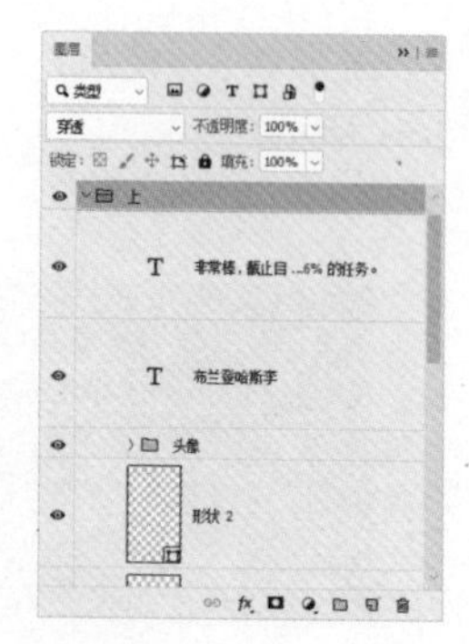
图 5-57　“图层”面板

5.4 App 软件界面布局

在设计 App 软件界面时，需要根据不同的手机操作系统采用不同的界面布局，本节将向读者介绍 Android 和 iOS 系统的 App 软件界面布局方式。

5.4.1　Android 系统软件布局

基于 Android 系统的 App 元素一般分为四个部分：状态栏、导航栏、内容区域和标签栏，图 5-58 所示为基于 Android 系统的 App 软件界面。

图 5-58　Android 系统的 App 软件界面

☆ 小技巧：界面布局中各个组件的释义

状态栏：位于界面最上方。当有短信、通知、应用更新、连接状态变更时，会在左侧显示，而右侧则是电量、信息、时间等常规手机信息。按住状态栏下拉，可以查看信息、通知和应用更新等详细情况。

导航栏：在该部分显示当前 App 应用的名称或者功能选项。

标签栏：标签栏放置的是 App 的导航菜单，标签栏既可以在 App 主体的上方也可以在主体的下方，但标签项目数不宜超过 5 个。

☆ 练一练——制作购物 App 的分类图标和 banner ☆

微视频

视频：第 5 章 \ 5-4-1.mp4　　源文件：第 5 章 \ 5-4-1.psd

• 案例分析

本案例是设计制作 App 的页面分类图标和 banner 图，分类图标的内容比较多，且图标制作过程相似，所以，案例制作过程中只有一个图标的详细制作过程，剩余图标需要用户根据所学知识自行完成。

本案例的 banner 图制作起来较上一个案例的 banner 图简单，两个 banner 图的配色相差较大，明黄色的 banner 图更加亮眼，也更容易让用户记住。图 5-59 所示为案例的最终效果。

图 5-59　图像效果

• 制作步骤

Step 01 执行“打开”→“文件”命令，打开名为 5-3-1.psd 的源文件。单击工具箱中的“椭圆工具”按钮，在画布中单击并拖曳鼠标绘制正圆形状，填充颜色为 RGB（255，238，216），如图 5-60 所示。使用“圆角矩形工具”在画布中单击并拖曳鼠标创建一个圆角矩形形状，填充颜色为 RGB（255，85，110），如图 5-61 所示。

图 5-60　创建正圆形

图 5-61　创建圆角矩形

Step02 使用“直接选择工具”和“转换点工具”调整圆角矩形的锚点，调整完成后形状的图像效果如图 5-62 所示。

Step03 打开“图层”面板，选中图层双击图层的缩览图，在打开的“图层样式”对话框中选择“描边”选项，设置各项参数如图 5-63 所示。

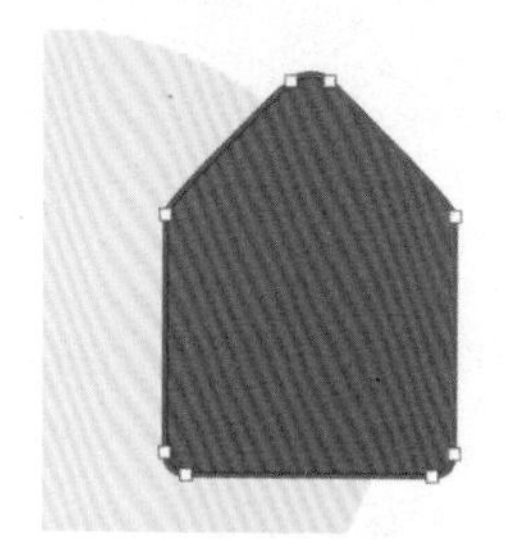

图 5-62　调整锚点

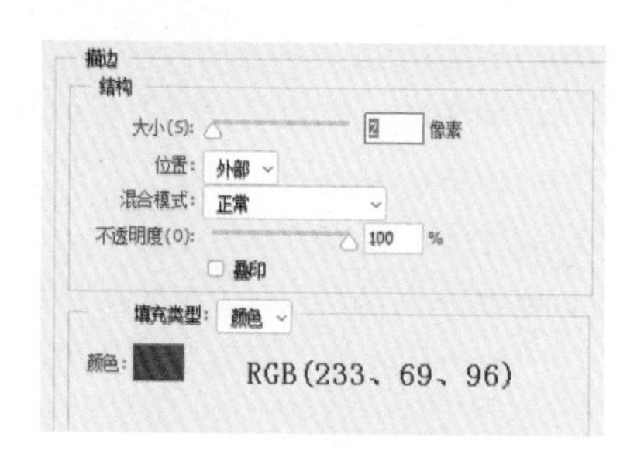

图 5-63　设置图层样式

Step04 单击“确定”按钮，图像效果如图 5-64 所示。新建图层，将“画笔工具”的笔触调大，设置前景色为 RGB（255，146，128），设置画笔的不透明度为 10%，在画布中进行涂抹，逐渐增加透明度和缩小画笔笔触，进行涂抹，图像效果如图 5-65 所示。

图 5-64　图像效果

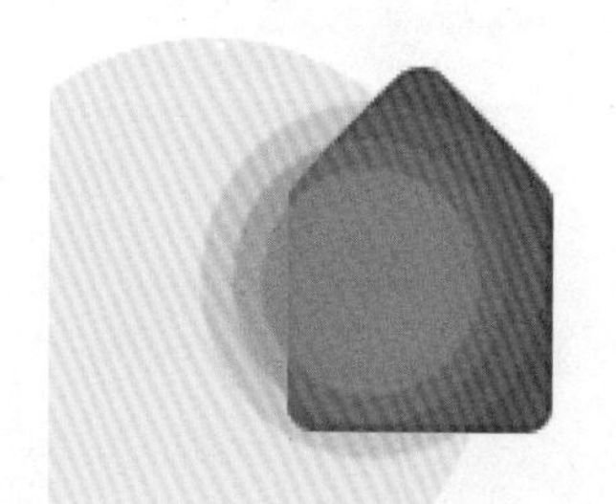

图 5-65　涂抹画布

Step05 打开“图层”面板，在选中的图层上方右击，弹出快捷菜单并选择“创建剪贴蒙版”选项。

Step06 使用“椭圆工具”在画布中单击并拖曳鼠标创建正圆形，填充值为 RGB（255，

199，199），如图 5-66 所示。使用“圆角矩形工具”和“椭圆工具”在画布中连续单击拖曳创建白色的感叹号形状，如图 5-67 所示。

Step07 使用组合键 Ctrl+T 调出定界框，调整图标的角度和大小，图标效果如图 5-68 所示。打开“字符”面板，设置字符参数如图 5-69 所示。

图 5-66　创建正圆形

图 5-67　创建感叹号形状

图 5-68　调整角度

图 5-69　设置字符参数

Step08 使用“横排文字工具”在画布中单击并输入横排文字，如图 5-70 所示。使用 Step1 ～ Step8 完成其余图标的制作，图标组效果如图 5-71 所示。

图 5-70　添加文字内容

图 5-71　完成图标组的绘制

Step09 整理相关图层将其编组并重命名，“图层”面板如图 5-72 所示。打开“字符”面板，设置各项参数如图 5-73 所示。

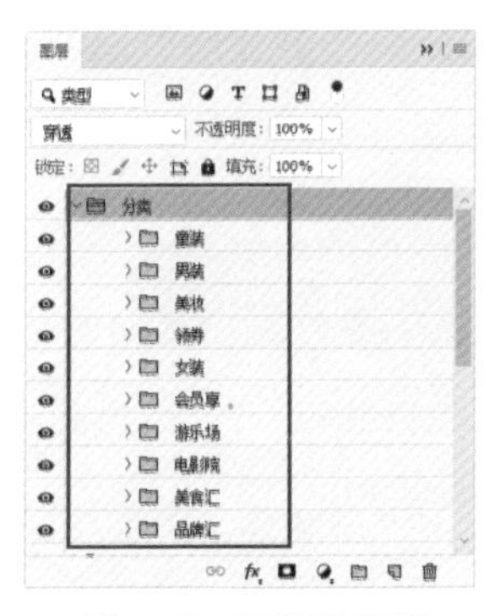

图 5-72　“图层”面板

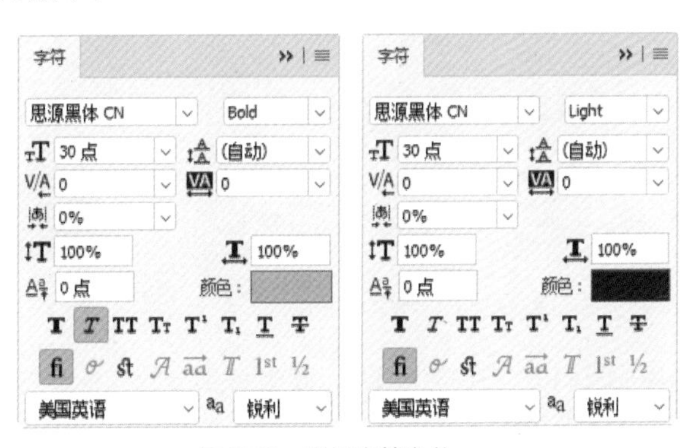

图 5-73　设置字符参数

Step10 使用“横排文字工具”在画布中单击并输入横排文字，文字效果如图 5-74 所示。将两个文字图层进行编组并重命名为“消息轮播”。

图 5-74　添加文字内容

Step 11 使用“圆角矩形工具”在画布中单击并拖曳鼠标创建圆角矩形形状，填充颜色为 RGB（255，180，0），如图 5-75 所示。执行“文件”→“打开”命令，连续打开 3 张素材图像，逐一将其拖曳到设计文档中，如图 5-76 所示。

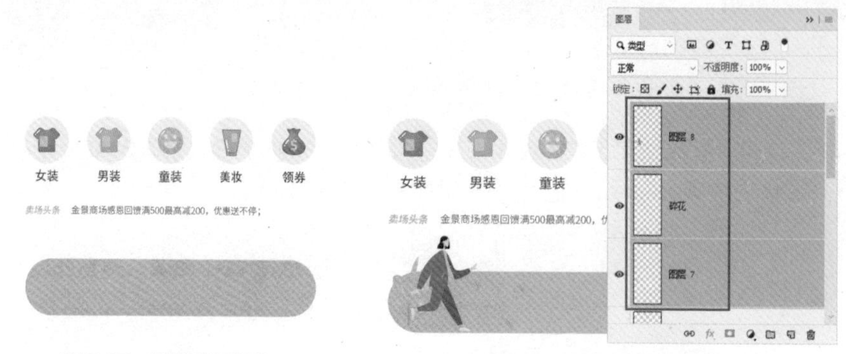

图 5-75　创建圆角矩形　　图 5-76　添加素材图像

Step 12 使用“圆角矩形工具”在画布中单击并拖曳鼠标创建一个圆角矩形形状，打开“图层”面板，选中图层并双击图层，在打开的“图层样式”对话框中选择“描边”选项，设置各项参数如图 5-77 所示。单击“确定”按钮，形状效果如图 5-78 所示。

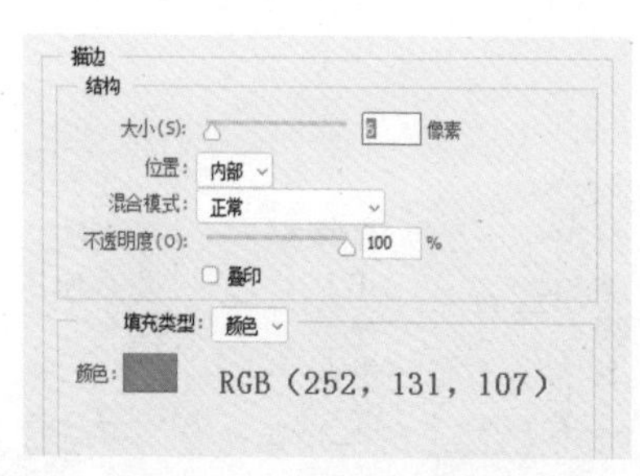

图 5-77　创建圆角矩形

图 5-78　图像效果

Step 13 打开“字符”面板，设置各项参数如图 5-79 所示。使用“横排文字工具”在画布中单击并输入横排文字，文字效果如图 5-80 所示。

Step 14 打开“字符”面板，设置参数如图 5-81 所示。使用“横排文字工具”在画布中单击并输入“女神驾到领券”等文字。再次使用“横排文本工具”在画布中连续单击并输入横排文字，分别修改文字字号为 156 号、80 号和 46 号，如图 5-82 所示。

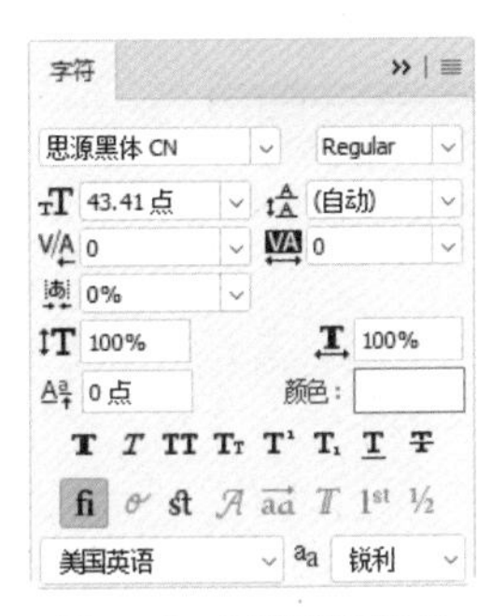

图 5-79 设置字符面板

图 5-80 添加文字

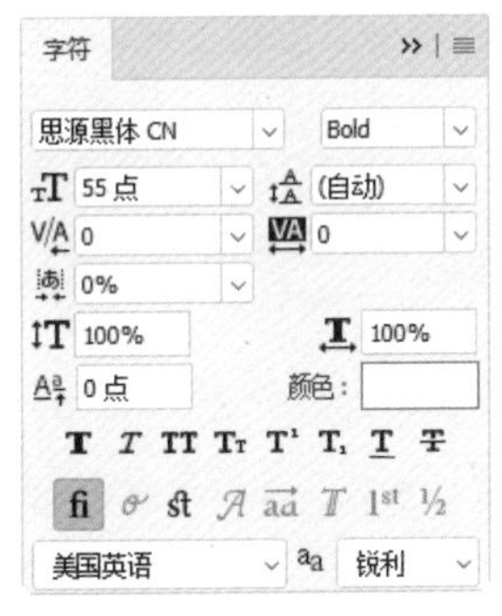

图 5-81 设置字符参数

图 5-82 添加文字

Step15 执行“文件”→“打开”命令，打开一张素材图像，将其拖曳到设计文档中，如图 5-83 所示。使用 Step12 和 Step13 完成“抢 >”按钮的制作，按钮效果如图 5-84 所示。

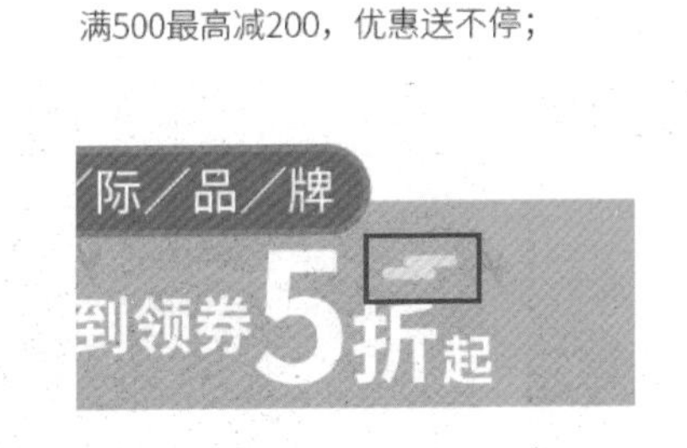

图 5-83 添加素材图像

图 5-84 完成按钮的绘制

5.4.2 iOS 软件布局

基于 iOS 的 App 界面布局元素则分为状态栏、导航栏（含标题）、工具栏 / 标签栏三个部分，图 5-85 所示为基于 iOS 的 App 应用界面。

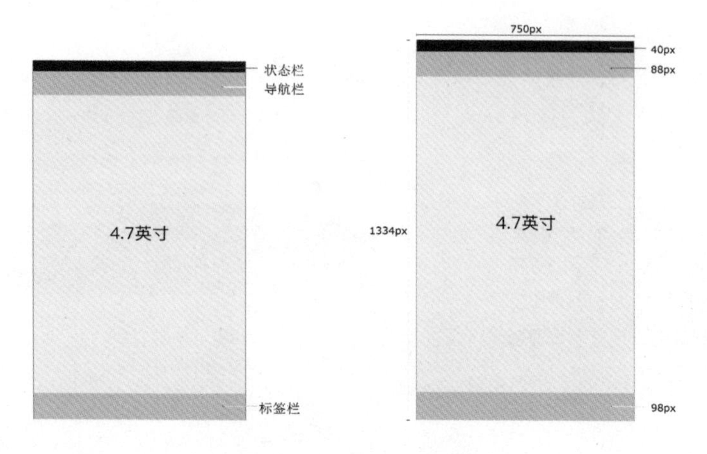

图 5-85　iOS 的 App 软件界面

☆ 小技巧：界面布局中各个组件的释义

状态栏：状态栏显示应用程序运行状态。

导航栏：导航栏显示当前 App 应用的标题名称。左侧为后退按钮，右侧为当前 App 内容操作按钮。

标签栏：标签栏在界面的最下方，因此必须根据 App 的要求选择其一，工具栏按钮不超过 5 个。

微视频

☆练一练——制作监测软件的下半部分界面☆

源文件：第 5 章 \ 5-4-2.psd　　　　视频：第 5 章 \ 5-4-2.mp4

• 案例分析

本案例是设计制作一款监测 App 界面的下半部分，包括了项目文字进度、项目统计展示和月份选择。

不同的项目进度采用不用的图形颜色，这样利于用户区分。界面文字也根据其重要程度进行了大小和颜色的区分。案例的最终效果如图 5-86 所示。

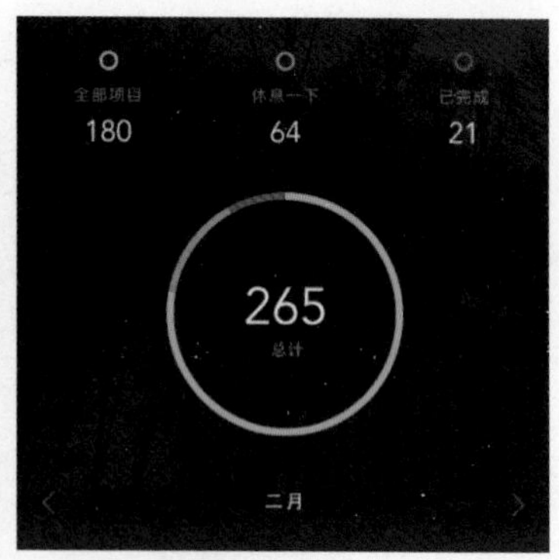

图 5-86　图像效果

• 制作步骤

Step 01 执行“打开”→“文件”命令，打开名为 5-3-2.psd 的源文件。使用“椭圆工具”在画布中单击并拖曳鼠标创建一个正圆形，填充颜色为无，描边颜色为 RGB（255，51，102），如图 5-87 所示。打开“字符”面板，设置各项字符参数如图 5-88 所示。

图 5-87　创建正圆形状

图 5-88　设置字符参数

Step 02 使用“横排文字工具”在画布中单击并输入横排文字，修改图层不透明度为 50%，如图 5-89 所示。打开“字符”面板，设置各项字符参数如图 5-90 所示。

图 5-89　添加文字内容

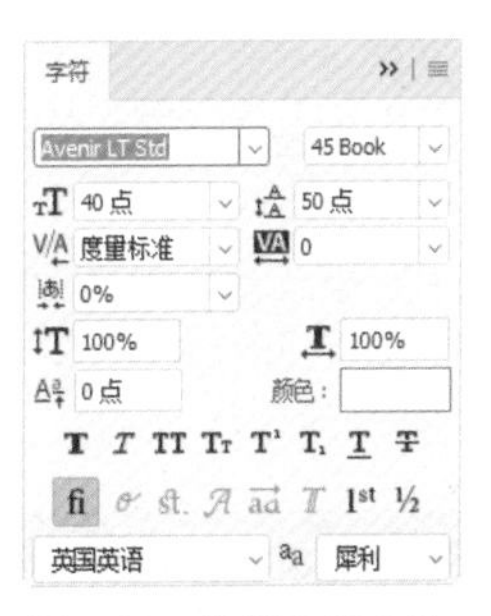

图 5-90　设置字符参数

Step 03 使用“横排文字工具”在画布中单击并输入横排文字，如图 5-91 所示。将刚刚绘制的三个图层编组并重命名为“完成”，如图 5-92 所示。

图 5-91　添加文字

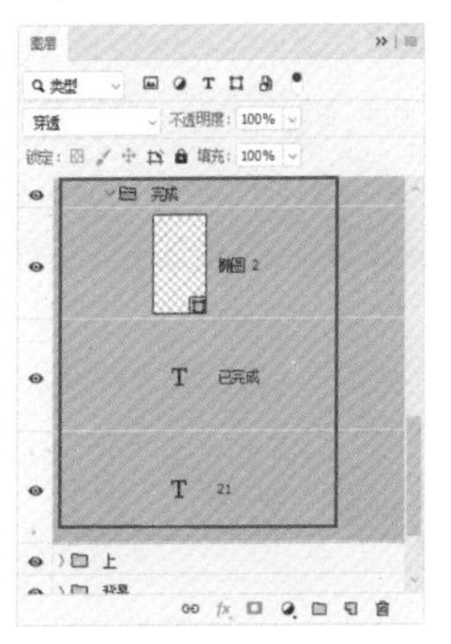

图 5-92　“图层”面板

Step04 使用 Step1 ～ Step3 完成其他两组相似内容的制作，“图层”面板如图 5-93 所示。完成后的图像效果如图 5-94 所示。

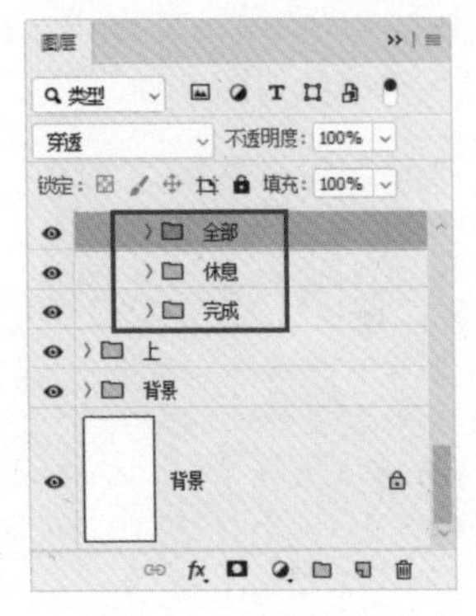

图 5-93 “图层”面板

图 5-94 图像效果

☆ 提示

使用相同方法完成操作的时候，如果遇到上面步骤中的情况，即内容相似度高达 90% 以上，用户可以将先前绘制的元素进行复制，然后设置字符参数，更改颜色和文字内容即可。

Step05 使用“椭圆工具”在画布中单击并拖曳鼠标创建一个白色的正圆形，填充颜色为“无”、描边颜色为“白色”，如图 5-95 所示。打开“图层”面板，选中图层并双击图层，在打开的“图层样式”对话框中选择“渐变叠加”选项，设置各项参数如图 5-96 所示。

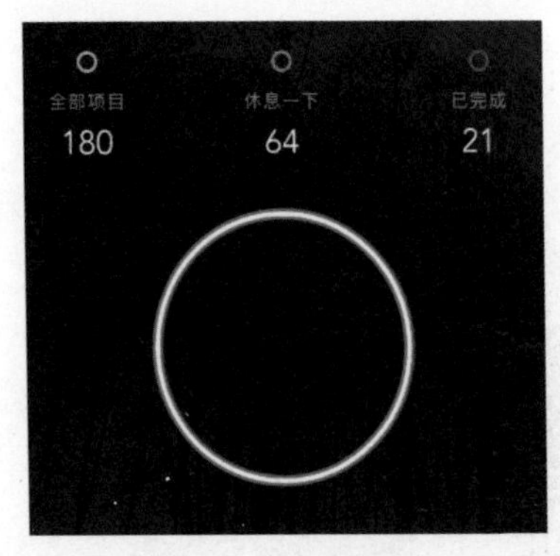

图 5-95 创建正圆形状

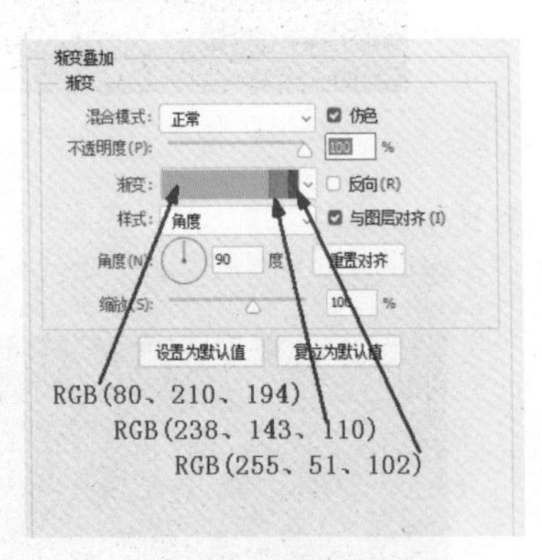

图 5-96 设置图层样式参数

Step06 单击“确定”按钮，设置图层的填充透明度为 0，形状效果如图 5-97 所示。打开“字符”面板，设置字符参数如图 5-98 所示。

Step07 使用“横排文字工具”在画布中单击并输入横排文字，如图 5-99 所示。使用 Step6 和 Step7 完成相似文字内容的制作，如图 5-100 所示。

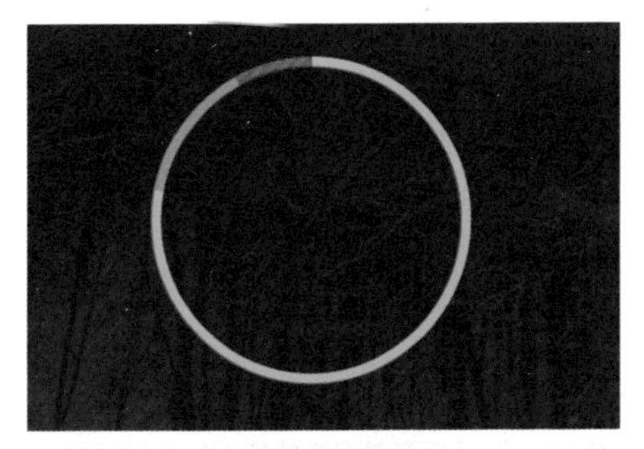

图 5-97 图像效果

图 5-98 字符参数

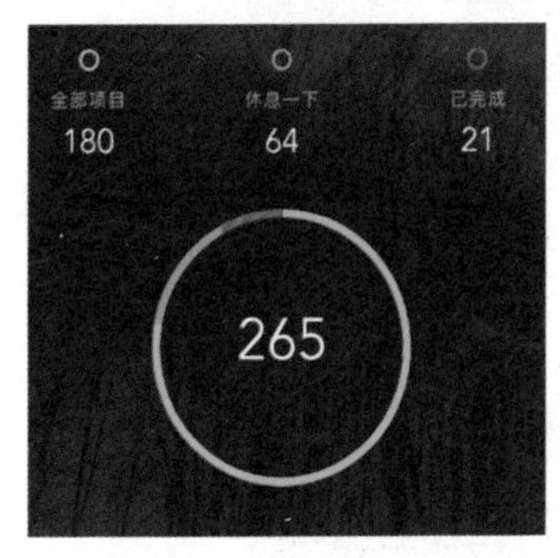

图 5-99 添加文字内容

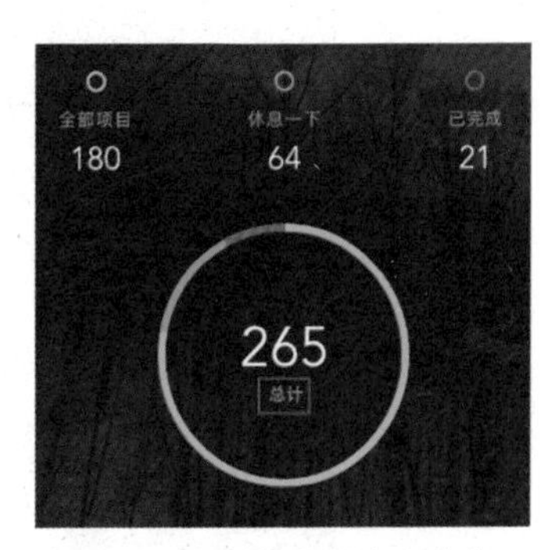

图 5-100 添加相似文字内容

Step 08 使用“自定形状工具”和“横排文字工具”完成其余部分的制作，图像效果如图 5-101 所示。界面绘制完成，整体页面效果如图 5-102 所示。

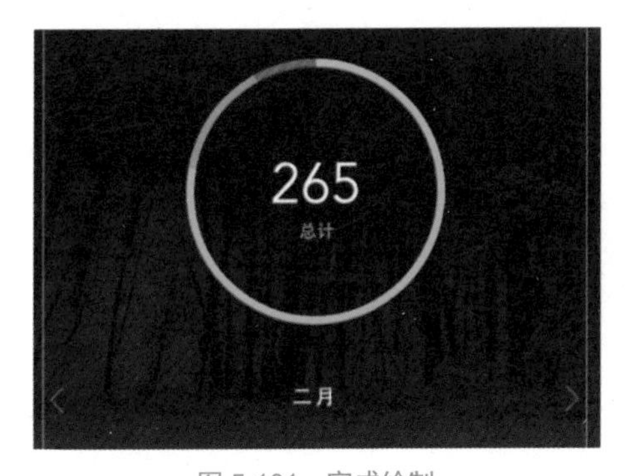

图 5-101 完成绘制

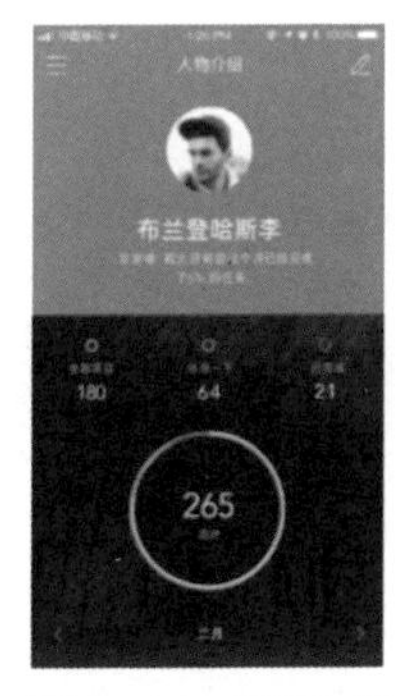

图 5-102 图像效果

5.5 App 软件界面的设计特点和流程

如今手机屏幕尺寸越来越大，但是有限的，因此，在 App 软件界面的设计中，精简是一贯的设计准则。这里所说的精简并不是内容上尽可能的少，而要注意重点的表达。在视觉上也要遵循用户的视觉逻辑，用户看着顺眼了，才会真正的喜欢。

5.5.1 App 软件界面的设计特点

由于市场竞争激烈，App 软件不仅要靠外观取胜，其软件系统也已经成为用户直接操作和应用的主体，所以 App 软件界面设计应该以操作快捷、美观实用为基础，如图 5-103 所示。以下是 App 软件界面设计几方面的特点。

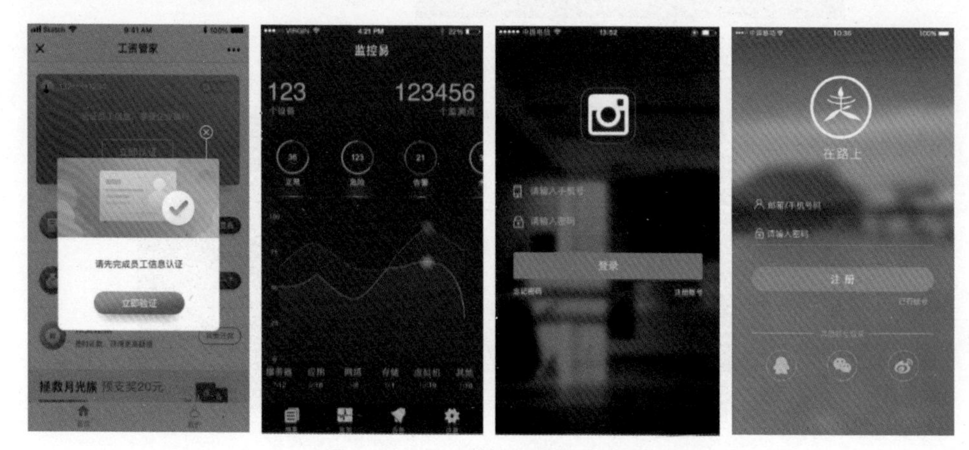

图 5-103　App 软件界面的设计特点

• 显示区域小

手机的显示区域有限，不能有太丰富的展示效果，因此其设计要求精简而不失表达能力。

• 简单的交互操作

App 软件的操作应用主要依赖于人的手指，所以交互过程不能设计得太复杂，交互步骤不能太多，且应该尽量多设计一些快捷方式。

• 通用性

不同操作系统、不同型号的手机，有可能支持的图像格式、声音格式、动画格式不一样，设计师需要尽量选择通用的格式，或者要对不同型号进行配置选择。

• 元素的缩放和布局

不同的手机，屏幕尺寸也会不一样，因此在设计 App 软件界面的过程中需要考虑图像的自适应问题和界面元素的布局问题。

5.5.2 App 软件界面的设计流程

在一个成熟且高效的手机 App 产品团队中，界面设计者通常会在前期就加入项目中，针对产品定位、面向人群、设计风格、色调和控件等多方面问题进行探讨。这样做的好处在于，保持了设计风格与产品的一致性，同时，定下风格后设计人员立刻可以着手效果图的设计和多套方案的整理，有效节约时间，如图 5-104 所示。

图 5-104　App 软件图像效果

App 设计的大致流程主要分为如下几个部分。

（1）软件定位。明确该款 App 软件的功能是什么？需要达到什么样的目的？

（2）视觉风格。根据 App 软件的功能、面向群体和商业价值等内容，确认 App 软件界面的视觉风格。

（3）App 软件组件。在 App 软件界面中使用滑屏还是滚动条、复选还是单选，确定组件类型。

（4）设计方案。确定了 App 软件的定位、风格和组件后，就可以开始设计 App 软件界面方案。

（5）提交方案。提交 App 软件界面设计方案，请专业人士进行测评，选择用户体验最优的方案。

（6）确定方案。方案确认后，就可以以该方案为基准开始进行美化设计了。

☆练一练——制作购物 App 的优惠专区和底部导航☆

微视频

视频：第 5 章 \ 5-5-2.mp4　　　　源文件：第 5 章 \ 5-5-2.psd

• 案例分析

本案例是设计制作一款 App 界面的优惠专区和底部导航，优惠专区的制作非常简单，配色的话，也因为素材图像的更换有不确定性。而底部导航使用了中性色灰色作为背景，既与中间的内容区域中的白色背景区分开来，又不显得突兀。

底部导航中的图标有默认状态和选中状态两种状态，使得用户可以明确区分自己所在的位置。图 5-105 所示为案例的最终效果图。

图 5-105　图像效果

• 制作步骤

Step01 执行“打开”→“文件”命令，打开名为 5-4-1.psd 的源文件。打开“字符”面板，设置字符参数如图 5-106 所示。使用“横排文字工具”在画布中单击并输入“优惠专区”等文字内容，如图 5-107 所示。

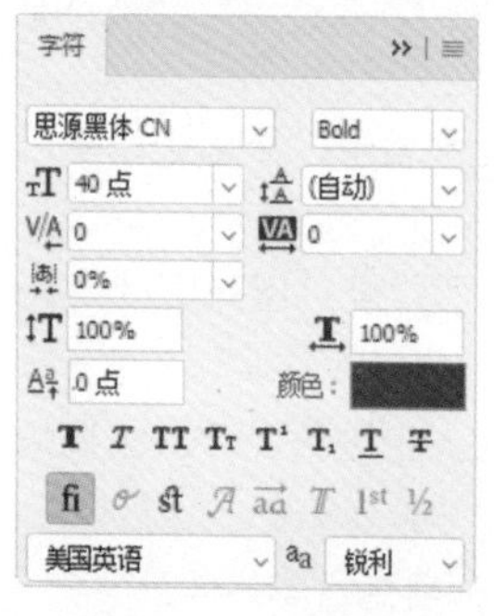

图 5-106　字符参数

图 5-107　添加文字内容

Step02 使用“矩形工具”在画布中单击并拖曳鼠标创建一个矩形形状，填充颜色为 RGB（255，238，216），如图 5-108 所示。

Step03 执行“文件”→“打开”命令，打开一张素材图像，将其拖曳到设计文档中。使用组合键 Ctrl+T 调出定界框，等比例缩放图像到合适大小。打开“图层”面板，选中图层后右击，在弹出的快捷菜单中选择“创建剪贴蒙版”选项，如图 5-109 所示。

Step04 使用 Step2 ～ Step3 完成相似内容的制作，如图 5-110 所示。将相关图层编组，重命名为“优惠专区”，“图层”面板如图 5-111 所示。

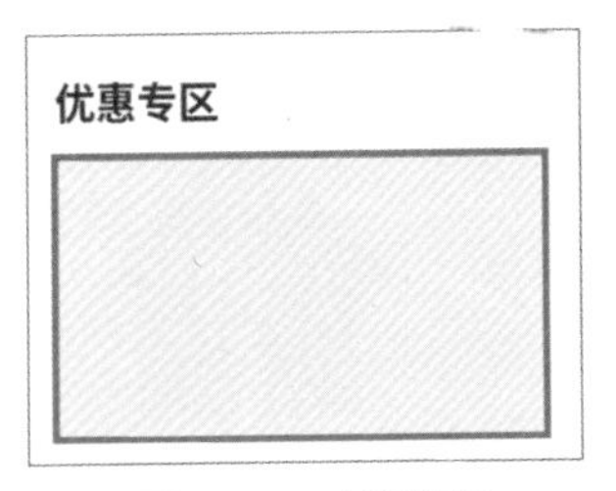

图 5-108　创建矩形

图 5-109　添加素材图像

优惠专区

图 5-110　完成相似内容

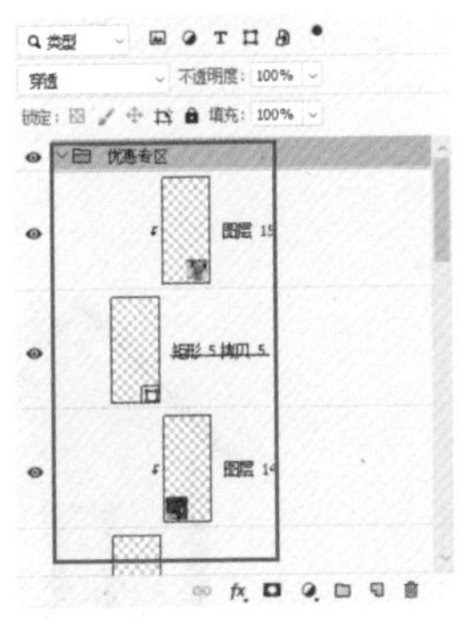

图 5-111　“图层”面板

Step 05 使用“矩形工具”在画布中单击并拖曳鼠标创建一个白色的矩形形状，形状效果如图 5-112 所示。使用“钢笔工具”连续单击并拖曳鼠标创建一个不规则形状，填充颜色为 RGB（255，180，0），形状效果如图 5-113 所示。

图 5-112　创建矩形

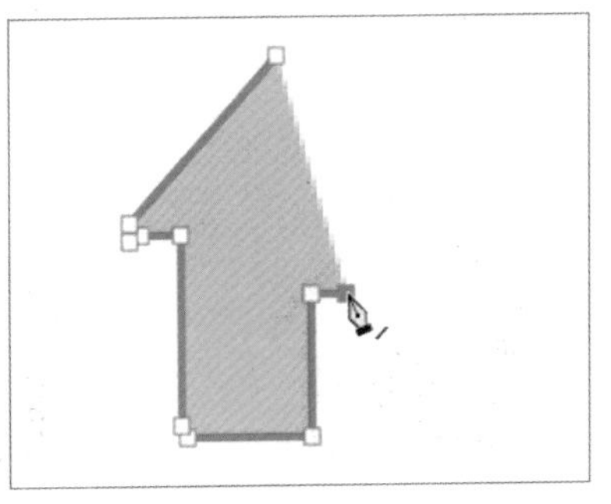

图 5-113　创建不规则形状

Step 06 继续使用“钢笔工具”在画布中连续单击并拖曳鼠标创建不规则房子形状，形状效果如图 5-114 所示。使用“直接选择工具”在画布中调整形状的锚点，如图 5-115 所示。

Step 07 使用“钢笔工具”在画布中连续单击并拖曳鼠标创建一个黑色的不规则形状，如图 5-116 所示。打开“字符”面板，设置各项字符参数如图 5-117 所示。

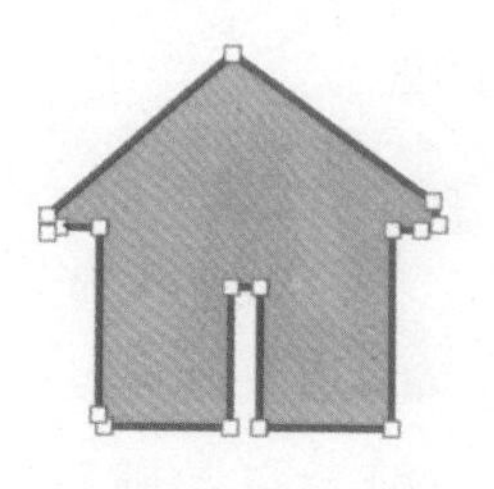

图 5-114　绘制形状

图 5-115　调整形状

图 5-116　创建不规则形状

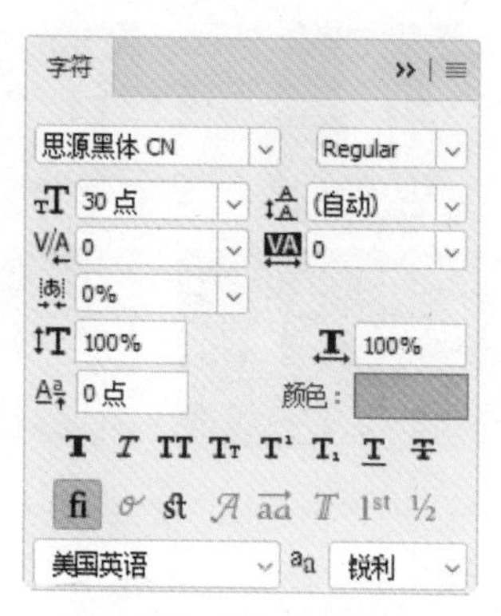

图 5-117　添加文字内容

Step08 使用“横排文字工具”在画布中单击并输入横排文字，如图 5-118 所示。再次使用“横排文字工具”在画布中单击并输入文字，调整位置和颜色，如图 5-119 所示。将相关图层编组，重命名为“首页”，如图 5-120 所示。

图 5-118　设置字符参数

图 5-119　完成标签栏图标

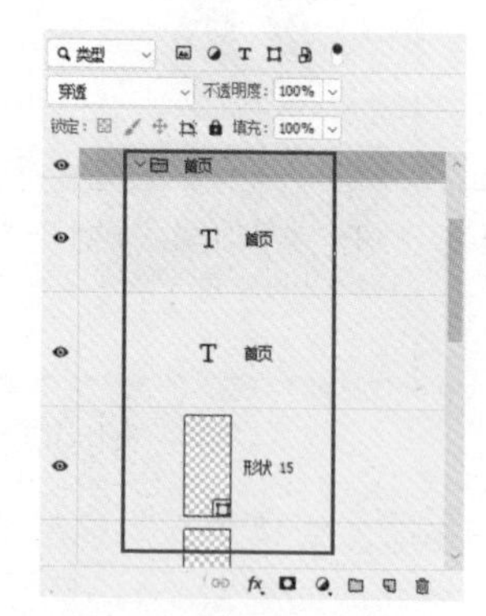

图 5-120　“图层”面板

Step09 使用 Step5 ～ Step8 完成相似图标的制作，如图 5-121 所示。将相关图层编组并重命名为“下导航”，如图 5-122 所示。

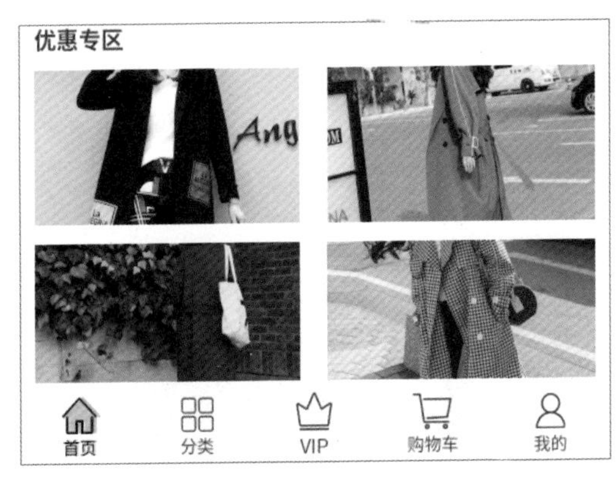

图 5-121 完成相似图标的制作

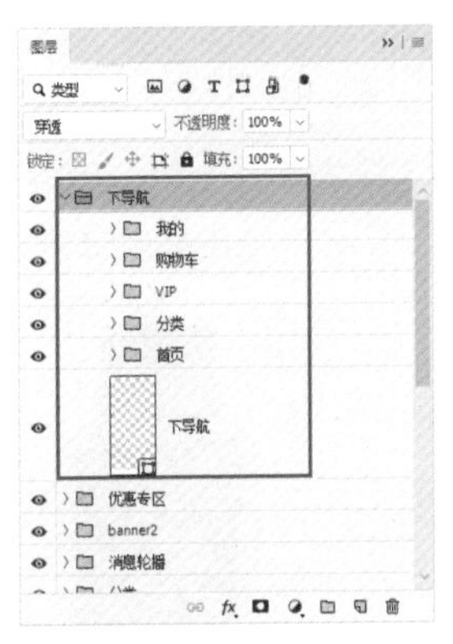

图 5-122 "图层"面板

5.6 移动端智能设备的界面设计

智能设备是现在的发展趋势，而大众在使用各种智能设备时都需要通过交互界面与智能设备进行交互操作，这也就决定了交互界面在智能设备上所起到的作用是非常重要的。

5.6.1 关于智能手表

随着移动技术的发展，许多传统的电子产品也开始增加移动方面的功能，例如过去只能用来看时间的手表，现在也可以通过智能手机或家庭网络与互联网相连，从而实现在手表上查看来电信息、天气信息，甚至是听音乐等功能。

• Android 系统智能手表

Moto360 就是采用 Android 系统的智能手表，分方形和圆形两种，忠实体现了 Android 系统对可穿戴设备的设计规范。相对方形的智能手机设计，圆形的智能手表表盘应该是更符合人们传统上对手表的认知。图 5-123 所示为 Android 系统智能手表设计。

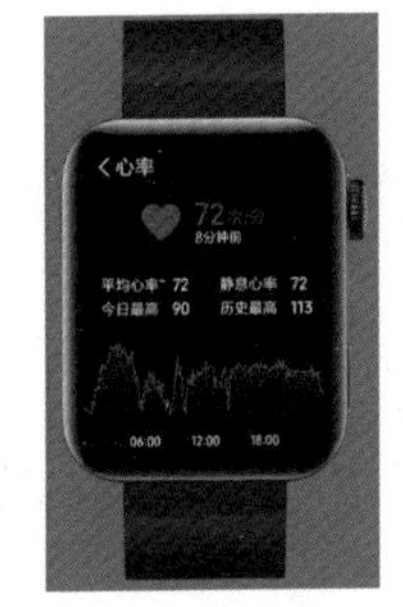

图 5-123 Android 系统的手表界面

• iOS 系统智能手表

苹果公司推出的 Apple Watch 是一款基于 iOS 系统的智能手表，支持电话、语言回短信、连接汽车、天气、航班信息、播放音乐、地图导航、测量心跳、计步等几十种功能，是一款全方位的智能穿戴设备。图 5-124 所示为 iOS 系统智能手表设计。

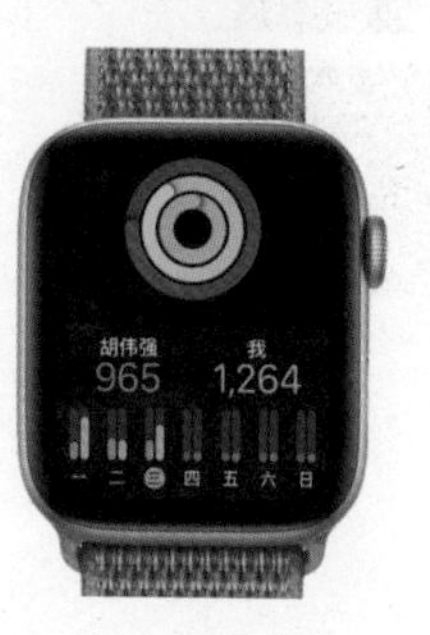

图 5-124 iWatch 界面

5.6.2 车载系统界面设计

随着科技的发展，车载信息系统的功能越来越多，也越来越复杂，车载系统界面的设计就显得尤其重要，如图 5-125 所示。

图 5-125 车载系统界面设计

一个好的车载系统界面设计，可以使用户了解系统中的所有功能，可以使用户觉得赏心悦目，使用起来得心应手。在对车载信息系统界面进行设计时，应该遵循以下的设计要点，如图 5-126 所示。

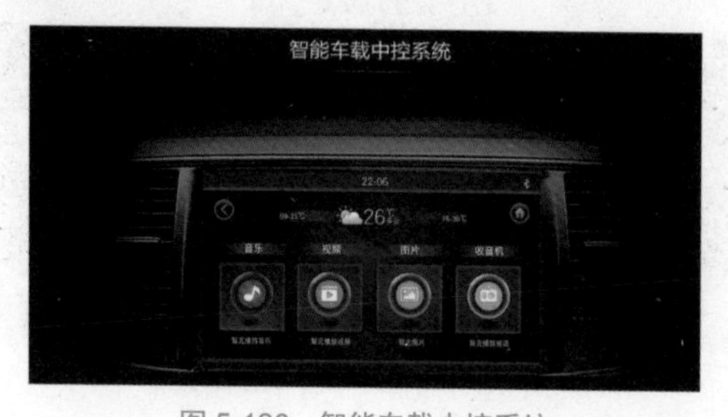

图 5-126 智能车载中控系统

5.6.3 智能电视界面设计

所谓智能电视是指像智能手机一样，搭载了操作系统，可以由用户自行安装和卸载软件、游戏等第三方服务商提供的程序，通过此类程序来不断对彩电的功能进行扩充，并可以通过网线、无线网络来实现上网冲浪的这样一类彩电的总称。

随着国际市场上 Google TV 的发布和国内电视厂商纷纷推出定制 Android TV，一时间智能电视平台成为众多高科技企业争相抢占的新市场。图 5-127 所示为基于 Android 系统的智能电视的界面。

图 5-127　智能电视界面

5.7 举一反三——制作 App 版本更新弹出框

源文件：第 5 章 \ 5-7-1.psd　　　视频：第 5 章 \ 5-7-1.mp4

微视频

本案例是设计制作一款 App 的版本更新弹出框，案例采用了鲜亮、活泼的橙色作为弹出框的主色，使得用户见到弹出框的第一反应是愉悦和欢快的，这有利于用户更大程度上接受弹出框。

Step01 打开素材图像，创建一个圆角矩形充当弹出框的底衬，如图 5-128 所示。

Step02 使用素材图像和“钢笔工具”完成弹出框底衬的制作，如图 5-129 所示。

图 5-128　创建一个圆角矩形

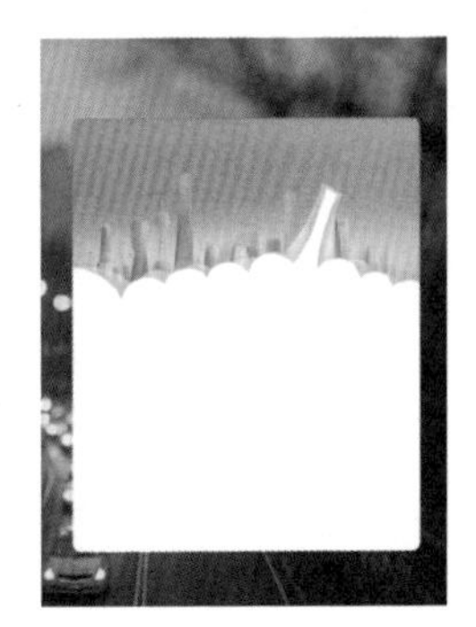

图 5-129　完成弹出框底衬的制作

Step03 使用“钢笔工具”和“椭圆工具”，完成火箭形状的绘制，如图 5-130 所示。

Step04 使用“圆角矩形工具”和“横排文字工具”完成文字内容和按钮的制作，如图 5-131 所示。

图 5-128　完成火箭形状的绘制

图 5-128　完成文字内容和按钮的制作

5.8 本章小结

App 软件界面是用户与手机应用程序进行交互最直接的层面，直接影响着用户对该应用程序的体验，出色的 App 软件界面不仅在视觉上会给用户带来赏心悦目的体验，而且在操作和使用上更加便捷和高效。

本章向读者介绍了 App 设计的相关知识，并且列举了两个 App 应用案例，通过 App 界面的设计制作，希望读者掌握 App 界面设计的方法，特别注意整体布局和整体效果的表现。